Dr. Atul

Introdução ao sistema ciber-físico

Dr. Atul

Introdução ao sistema ciber-físico

Uma abordagem para Tecnologia de fabrico

ScienciaScripts

Imprint

Any brand names and product names mentioned in this book are subject to trademark, brand or patent protection and are trademarks or registered trademarks of their respective holders. The use of brand names, product names, common names, trade names, product descriptions etc. even without a particular marking in this work is in no way to be construed to mean that such names may be regarded as unrestricted in respect of trademark and brand protection legislation and could thus be used by anyone.

Cover image: www.ingimage.com

This book is a translation from the original published under ISBN 978-620-7-65451-2.

Publisher:
Sciencia Scripts
is a trademark of
Dodo Books Indian Ocean Ltd. and OmniScriptum S.R.L publishing group

120 High Road, East Finchley, London, N2 9ED, United Kingdom
Str. Armeneasca 28/1, office 1, Chisinau MD-2012, Republic of Moldova, Europe
Printed at: see last page
ISBN: 978-620-7-94547-4

Copyright © Dr. Atul
Copyright © 2024 Dodo Books Indian Ocean Ltd. and OmniScriptum S.R.L publishing group

Introdução ao sistema ciber-físico: Uma abordagem à tecnologia de fabrico

Índice

Capítulo 1: Introdução aos sistemas ciber-físicos

Os sistemas ciber-físicos (CPS) são o resultado da fusão de processos físicos com capacidades de computação e comunicação. Esta integração permite uma interação perfeita entre os mundos físico e virtual, conduzindo a uma vasta gama de aplicações em vários domínios, incluindo a tecnologia de fabrico. Na indústria transformadora, os CPS têm um impacto transformador, revolucionando os processos tradicionais, melhorando a eficiência e permitindo o desenvolvimento de fábricas inteligentes. Ao incorporar sensores, actuadores e inteligência computacional em sistemas físicos, os fabricantes podem monitorizar, analisar e controlar os processos de produção em tempo real, optimizando o desempenho e reduzindo os erros. A convergência de elementos cibernéticos e físicos na tecnologia de fabrico apresenta desafios e oportunidades. Os fabricantes têm de navegar num cenário complexo para garantir a interoperabilidade e a fiabilidade e abordar as questões de cibersegurança, a fim de aproveitarem plenamente o potencial dos CPS.

O capítulo introdutório deste livro estabelece as bases para aprofundar os fundamentos, estruturas, utilizações e desenvolvimentos futuros dos Sistemas Ciber-Físicos no domínio da tecnologia de fabrico. Estabelece uma compreensão fundamental dos CPS e da sua importância na definição do futuro dos processos de fabrico. Os sistemas ciber-físicos (CPS) provocam uma mudança revolucionária na fusão da computação, comunicação e processos físicos. Distinguem-se pela integração perfeita de entidades físicas com componentes computacionais e capacidades de ligação em rede, esbatendo as fronteiras entre os domínios tangível e virtual. Esta integração permite que os CPS interajam e tenham impacto no seu ambiente físico em tempo real, resultando em aplicações transformadoras em diversos domínios, incluindo a tecnologia de fabrico.

A arquitetura dos sistemas ciber-físicos na indústria transformadora foi concebida para facilitar a aquisição, o processamento, a comunicação e o controlo de dados sem descontinuidades. É constituída por componentes interligados que trabalham em conjunto para permitir operações eficientes. Os sensores desempenham um papel crucial na recolha de dados do ambiente físico, enquanto os actuadores agem sobre o ambiente com base em decisões computacionais. Além disso, as redes de comunicação asseguram um intercâmbio de dados sem problemas entre os componentes distribuídos, permitindo a coordenação e a sincronização em sistemas de fabrico complexos. Esta abordagem integrada melhora o desempenho global e a eficácia dos processos de fabrico.

A integração de elementos cibernéticos e físicos em ambientes de fabrico traz vantagens significativas e obstáculos únicos. As principais preocupações nestes ambientes incluem a interoperabilidade, a escalabilidade, a fiabilidade e a segurança. Para garantir uma integração e comunicação harmoniosas entre diversos dispositivos e sistemas, protegendo simultaneamente contra ameaças cibernéticas, é essencial uma conceção, implementação e gestão cuidadosas. Além disso, o cumprimento dos rigorosos requisitos de desempenho dos CPS no fabrico, como a capacidade de resposta em tempo real, a baixa latência e a elevada fiabilidade, exige o desenvolvimento de algoritmos de controlo robustos, protocolos de comunicação eficientes e arquitecturas resilientes adaptadas especificamente às necessidades dos processos de fabrico.

Apesar dos desafios mencionados, o potencial dos sistemas ciber-físicos na indústria transformadora é vasto e muito promissor. O potencial desta tecnologia para transformar o sector da produção é imenso, uma vez que permite o desenvolvimento de fábricas inteligentes, sistemas de produção flexíveis, manutenção proactiva e processos de produção autónomos. Este capítulo introdutório serve de base para uma exploração abrangente dos CPS na tecnologia de fabrico. Fornece uma compreensão sólida dos princípios, arquitecturas, aplicações e desafios associados aos Sistemas Ciber-Físicos, preparando o terreno para um estudo mais aprofundado e para a inovação neste campo excitante. A integração de elementos cibernéticos e físicos em ambientes de fabrico traz tanto vantagens significativas como obstáculos únicos. As principais preocupações nestes ambientes incluem a interoperabilidade, a escalabilidade, a fiabilidade e a segurança. Para garantir uma integração e comunicação harmoniosas entre diversos dispositivos e sistemas, protegendo simultaneamente contra ameaças cibernéticas, é essencial uma conceção, implementação e gestão cuidadosas. Além disso, o cumprimento dos rigorosos requisitos de desempenho dos CPS no fabrico, como a capacidade de resposta em tempo real, a baixa latência e a elevada fiabilidade, exige o desenvolvimento de algoritmos de controlo robustos, protocolos de comunicação eficientes e arquitecturas resilientes adaptadas especificamente às necessidades dos processos de fabrico. Apesar dos desafios mencionados, o potencial dos sistemas ciber-físicos na indústria transformadora é vasto e muito promissor. Pode mudar o jogo da indústria transformadora, tornando realidade as fábricas inteligentes, os sistemas de produção ágeis, a manutenção preditiva e a produção autónoma. Este capítulo introdutório serve de base para uma exploração abrangente dos SFC na tecnologia de fabrico. Fornece uma sólida compreensão dos princípios, arquitecturas, aplicações e desafios associados aos Sistemas Ciber-Físicos, preparando o terreno para um estudo mais aprofundado e para a inovação neste campo excitante.

Capítulo 2: Fundamentos da tecnologia de fabrico

Os princípios, processos e técnicas fundamentais envolvidos na produção de bens constituem os fundamentos da tecnologia de fabrico. Estes fundamentos servem de base para compreender e otimizar as operações de fabrico em várias indústrias. Para ter um conhecimento completo do fabrico, é essencial compreender as qualidades e os atributos dos vários materiais. Os materiais utilizados no fabrico vão desde metais e plásticos a cerâmicas e compósitos, possuindo cada um deles qualidades únicas como força, flexibilidade, condutividade e resistência à corrosão. Os fabricantes selecionam cuidadosamente os materiais com base na sua adequação a aplicações específicas e na sua compatibilidade com os processos de fabrico envolvidos. Os processos de fabrico englobam uma vasta gama de técnicas utilizadas para converter matérias-primas em produtos acabados. Estes processos podem ser divididos em processos primários, que incluem a fundição, a conformação, a maquinagem e a união, e processos secundários, que envolvem o tratamento de superfícies, a montagem e a inspeção. Cada processo requer equipamentos, ferramentas e metodologias específicas, adaptadas para alcançar o resultado desejado. Entre estes processos, a maquinagem destaca-se como uma técnica fundamental no fabrico. A obtenção da forma, tamanho e acabamento superficial desejados de uma peça de trabalho envolve o processo de remoção de material. Isto pode ser feito através de várias operações de maquinagem, tais como torneamento, fresagem, perfuração, retificação e corte. A técnica específica escolhida depende de factores como o tipo de material a ser trabalhado, a complexidade da peça e o nível de precisão desejado. Os fundamentos da tecnologia de fabrico são essenciais para garantir a produção eficiente de bens em diferentes indústrias. Compreender as propriedades e caraterísticas dos materiais é essencial para os fabricantes, uma vez que lhes permite selecionar os materiais mais adequados para aplicações específicas. Além disso, os fabricantes devem considerar a compatibilidade dos materiais com os processos de fabrico envolvidos. Os processos de fabrico englobam uma vasta gama de técnicas, categorizadas em processos primários e secundários. Os processos primários, como a fundição, a conformação, a maquinagem e a união, são utilizados para transformar matérias-primas em produtos acabados. Os processos secundários, incluindo o tratamento de superfícies, a montagem e a inspeção, melhoram ainda mais a qualidade e a funcionalidade dos produtos. A maquinagem, um processo de fabrico fundamental, envolve a remoção de material de uma peça de trabalho para obter a forma, o tamanho e o acabamento superficial desejados. A escolha da técnica de maquinagem depende de factores como o material a ser processado, a complexidade da peça e as tolerâncias desejadas.

A tecnologia de fabrico moderna depende fortemente da automatização para aumentar a eficiência, a precisão e a produtividade. Os sistemas automatizados incorporam robótica, máquinas CNC, sensores e actuadores para realizar várias tarefas, como manuseamento de materiais, montagem e controlo de qualidade. Ao reduzir os custos de mão de obra, minimizar os erros e melhorar o controlo dos processos, a automatização desempenha um papel vital na racionalização das operações de fabrico. As medidas de controlo de qualidade garantem que os produtos cumprem normas específicas de desempenho, fiabilidade e segurança através de processos de inspeção, teste e validação em diferentes fases de produção. Os princípios da produção enxuta centram-se na minimização do desperdício e na maximização da eficiência do processo de produção. Várias estratégias, como o mapeamento do fluxo de valor, a produção just-in-time (JIT), os sistemas kanban e a melhoria contínua, são utilizadas para melhorar a eficiência e aumentar a competitividade das operações. Estes métodos ajudam a otimizar os processos e a garantir um fluxo de trabalho mais eficaz. Ao eliminar actividades sem valor acrescentado, reduzir os níveis de inventário e otimizar o fluxo de trabalho, o lean manufacturing visa aumentar a eficiência e reduzir os custos. Estes princípios orientam a otimização dos processos de fabrico, dando aos trabalhadores a possibilidade de contribuírem para a melhoria contínua e o aumento da produtividade. As tecnologias CAD e CAM são fundamentais para a conceção e produção de componentes complexos com precisão e eficiência. O software CAD permite aos engenheiros criar modelos 3D detalhados de peças e montagens, enquanto o software CAM gera percursos de ferramentas e instruções para as máquinas CNC fabricarem esses projectos. A integração do CAD/CAM facilita a comunicação perfeita entre os processos de conceção e fabrico, reduzindo, em última análise, os prazos de entrega e os erros. Os fabricantes podem melhorar a eficiência, reduzir as despesas e aumentar a produtividade no sector da produção através da utilização destas tecnologias. Isto pode levar a avanços significativos na indústria.

A base de qualquer produto manufaturado reside nos seus materiais. É crucial ter um conhecimento profundo das suas propriedades e comportamento em diferentes condições, bem como a capacidade de os manipular. Este conhecimento inclui factores como a força, a elasticidade, a condutividade térmica e a resistência à corrosão. É igualmente fundamental compreender como a microestrutura dos materiais se relaciona com as suas propriedades, uma vez que isto influencia grandemente a escolha do melhor material para uma determinada utilização. Os processos de fabrico abrangem uma vasta gama de técnicas que são utilizadas para transformar matérias-primas em produtos acabados. Estes processos podem ser classificados em diferentes grupos. Os processos de formação envolvem a moldagem de materiais através da aplicação de força ou pressão, como a fundição, o forjamento e a moldagem. Os processos de remoção de material, por outro lado, envolvem operações como a fresagem, o torneamento, a perfuração e a retificação, em que o material é removido de uma peça de trabalho para obter a forma e o acabamento superficial desejados. Os processos de união, como a soldadura, a brasagem e a soldadura, são utilizados para unir várias peças de forma permanente ou temporária. O fabrico aditivo, também conhecido como impressão 3D, oferece flexibilidade de design e capacidades de prototipagem rápida através da construção de camadas de material para criar objectos tridimensionais. Os processos de tratamento de superfície, como o revestimento, a galvanização e o tratamento térmico, modificam as propriedades da superfície dos materiais para melhorar o seu desempenho e aspeto. Para levar a cabo estes processos de fabrico de forma eficaz, as máquinas-ferramentas e o equipamento são essenciais. Estas ferramentas permitem que várias operações sejam efectuadas com precisão e eficiência. Alguns exemplos de máquinas-ferramentas incluem tornos, que são utilizados para tornear peças cilíndricas, fresadoras que cortam e moldam materiais utilizando ferramentas de corte rotativas, e máquinas de perfuração que criam furos nas peças. As máquinas CNC, ou máquinas de controlo numérico computorizado, automatizam os processos de fabrico, controlando com precisão os movimentos das ferramentas com base em instruções digitais. Os robôs industriais também são utilizados no fabrico para tarefas como o manuseamento de materiais, a montagem e a soldadura, proporcionando maior produtividade e flexibilidade. Estas máquinas-ferramentas e equipamentos desempenham um papel crucial na indústria transformadora, permitindo processos de produção eficientes e precisos.

Um planeamento eficiente do processo é essencial para a execução bem sucedida das operações de fabrico. Isto inclui a organização da sequência de operações, a escolha das ferramentas e do equipamento corretos, a estimativa dos custos de produção e a criação de um calendário de produção. As empresas podem aumentar significativamente a sua eficiência operacional através da definição meticulosa de estratégias para cada fase do processo de produção. Isto permite-lhes racionalizar as suas operações e alcançar os melhores resultados. As técnicas de controlo de processos desempenham um papel crucial na garantia de que os processos de fabrico cumprem as normas de qualidade e os requisitos de desempenho. Os circuitos de controlo de feedback e a automatização são normalmente utilizados para monitorizar e ajustar os processos em tempo real, ajudando a manter a consistência e a precisão. Estas técnicas ajudam os fabricantes a identificar e a resolver quaisquer problemas que possam surgir durante a produção, conduzindo, em última análise, a produtos de maior qualidade. As medidas de garantia de qualidade são vitais na tecnologia de fabrico para garantir que os produtos cumprem normas específicas de qualidade, fiabilidade e segurança. Ao implementar sistemas de gestão da qualidade como o ISO 9001, as empresas podem estabelecer políticas, procedimentos e controlos de qualidade claros ao longo do processo de fabrico. Através de processos rigorosos de inspeção, teste e validação, os fabricantes podem detetar e resolver quaisquer defeitos ou desvios das especificações, garantindo que os seus produtos satisfazem as normas mais rigorosas da indústria.

A utilização de métodos estatísticos para monitorizar e controlar os processos de fabrico é essencial para detetar e prevenir quaisquer variações que possam resultar em defeitos. No domínio da tecnologia de fabrico, a gestão da cadeia de abastecimento desempenha um papel crucial na coordenação de várias actividades, como o aprovisionamento, a produção, a gestão de stocks e a distribuição. Ao gerir eficazmente a cadeia de abastecimento, as empresas podem garantir a entrega atempada dos recursos naturais e dos componentes, ao mesmo tempo que reduzem os custos de inventário e maximizam a aprovação do cliente. A gestão da cadeia de abastecimento é um elemento vital da tecnologia de fabrico, uma vez que facilita o fluxo uniforme de materiais e produtos ao longo de toda a cadeia de abastecimento. Através da coordenação eficaz do aprovisionamento, do planeamento da produção, da gestão do inventário e da distribuição, as empresas podem minimizar os prazos de entrega, reduzir os custos e, em última análise, aumentar a satisfação do cliente. Na era atual de maior consciência ambiental, os fabricantes estão a dar cada vez mais prioridade à sustentabilidade e a práticas amigas do ambiente. Isto implica a implementação de estratégias para reduzir o consumo de energia, minimizar a produção de resíduos e adotar práticas de reciclagem e reutilização ao longo de todo o ciclo de vida dos seus produtos. A integração de métodos estatísticos na monitorização e controlo dos processos de fabrico é crucial para identificar e prevenir quaisquer variações que possam conduzir a defeitos. No contexto da tecnologia de fabrico, a gestão da cadeia de abastecimento desempenha um papel fundamental na coordenação de actividades como o aprovisionamento, a produção, a gestão de stocks e a distribuição. Ao gerir eficazmente a cadeia de abastecimento, as empresas podem assegurar a entrega atempada de matérias-primas e componentes, minimizando simultaneamente os custos de inventário e maximizando a satisfação do cliente. Além disso, com a crescente ênfase nas preocupações ambientais, os fabricantes estão a concentrar-se cada vez mais na sustentabilidade e a adotar práticas amigas do ambiente. Isto inclui a redução do consumo de energia, a minimização da produção de resíduos e a implementação de estratégias de reciclagem e reutilização ao longo de todo o ciclo de vida do produto.

Capítulo 3: Integração de sistemas cibernéticos e físicos no fabrico

A convergência dos sistemas cibernéticos e físicos no sector da indústria transformadora, normalmente conhecida como sistemas ciber-físicos (CPS), representa um salto significativo na tecnologia industrial. Esta integração liga sem problemas o domínio digital da computação com o mundo físico da maquinaria e dos processos de produção. Ao incorporar sensores, actuadores e outros dispositivos no equipamento físico, os dados podem ser recolhidos, analisados e utilizados para otimizar as operações, aumentar a produtividade e garantir a qualidade. Este conceito é reforçado pela Internet Industrial das Coisas (IIoT), em que máquinas, dispositivos e sensores comunicam entre si e com sistemas centralizados através de redes, permitindo a monitorização em tempo real, a manutenção preditiva e processos de produção dinâmicos. Além disso, a integração de sistemas cibernéticos e físicos no fabrico abre caminho à aplicação de tecnologias avançadas, como a inteligência artificial e a aprendizagem automática. Estas tecnologias de ponta têm a capacidade de analisar grandes quantidades de dados, identificar padrões, prever resultados e otimizar processos de forma autónoma. Isto conduz a uma maior eficiência e a uma melhor relação custo-eficácia nas operações de fabrico. No entanto, é crucial abordar a questão da cibersegurança, uma vez que o aumento da conetividade também acarreta o risco de ciberameaças. Os fabricantes devem dar prioridade à implementação de medidas de segurança robustas para proteger os dados sensíveis, a propriedade intelectual e as infra-estruturas críticas de potenciais ataques e violações. Em conclusão, a integração de sistemas cibernéticos e físicos na indústria transformadora tem um enorme potencial para transformar a indústria. Permite que os sistemas de fabrico se tornem mais inteligentes, mais eficientes e mais adaptáveis às mudanças em tempo real. Ao tirar partido do poder da análise de dados, da inteligência artificial e da aprendizagem automática, os fabricantes podem alcançar uma maior flexibilidade, agilidade e inovação, ao mesmo tempo que impulsionam a eficiência e a competitividade no mercado global. No entanto, é essencial dar prioridade à cibersegurança para garantir a proteção de activos valiosos e manter a confiança no ecossistema digital. A integração de sistemas cibernéticos e físicos é um processo complexo que requer um planeamento cuidadoso, implementação e monitorização contínua para aproveitar plenamente os seus benefícios.

O processo de fabrico começa com a instalação de sensores e actuadores em todo o ambiente de fabrico. Estes dispositivos sofisticados desempenham um papel crucial na recolha de dados de equipamento físico, incluindo temperatura, pressão, velocidade e vibração. Em seguida, convertem estes sinais analógicos em informação digital, permitindo a realização de outras acções. Após a implementação, estes sensores e actuadores são perfeitamente integrados numa infraestrutura de rede. Esta integração permite uma comunicação sem falhas entre os próprios dispositivos e os sistemas centralizados. As opções de conetividade são diversas, desde protocolos com fios, como a Ethernet, a alternativas sem fios, como o Wi-Fi e o Bluetooth. Para além disso, podem também ser utilizados protocolos industriais como o Modbus ou o Profibus para estabelecer as ligações necessárias. Assim que os dispositivos são ligados, os sensores iniciam a recolha de dados em tempo real. Estes dados são então transmitidos para sistemas centralizados como SCADA ou MES. Estes sistemas desempenham um papel vital no processamento, análise e armazenamento dos dados recolhidos. Ao tirar partido das capacidades destes sistemas centralizados, os fabricantes podem obter informações valiosas sobre as suas operações, tomar decisões informadas e otimizar os seus processos de fabrico.

A computação periférica e as plataformas baseadas na nuvem são duas abordagens diferentes ao processamento de dados. A computação periférica envolve o processamento de dados na extremidade da rede, mais perto do local onde os dados são gerados. Por outro lado, as plataformas baseadas na nuvem envolvem o envio dos dados para a nuvem para análise e armazenamento. A escolha entre estas abordagens depende de vários factores, como os requisitos de latência, o volume de dados e as considerações de segurança. Depois de os dados serem processados, podem ser aplicadas técnicas analíticas avançadas para extrair informações significativas. Estas técnicas podem incluir algoritmos de aprendizagem automática ou modelos estatísticos. Ao analisar os dados, podem ser obtidas informações valiosas. Estas informações podem ser utilizadas para vários fins, tais como programas de manutenção preditiva, medidas de controlo de qualidade e estratégias de otimização da produção. As informações geradas pela análise de dados podem ser utilizadas para otimizar os processos de fabrico em tempo real. Os sistemas de controlo podem ajustar-se com base nestas informações para melhorar o desempenho, a eficiência e a qualidade. Isto pode implicar alterações nas definições das máquinas, alteração dos calendários de produção ou reencaminhamento do fluxo de materiais. Ao utilizar as informações obtidas através da análise de dados, os processos de fabrico podem ser optimizados para obter melhores resultados.

Durante o processo de integração, é crucial estabelecer protocolos sólidos de cibersegurança para salvaguardar a confidencialidade, a integridade e a disponibilidade dos dados e dos sistemas. Isto envolve a implementação de várias medidas de segurança, como a segmentação da rede, a encriptação, os controlos de acesso, os sistemas de deteção de intrusões e as auditorias de segurança de rotina. Ao dar prioridade à cibersegurança, as organizações podem mitigar os riscos e garantir a proteção de informações sensíveis. A convergência de sistemas cibernéticos e físicos no sector da produção é um processo contínuo que exige uma vigilância constante. Os fabricantes precisam de avaliar e melhorar consistentemente os seus sistemas, procedimentos e tecnologias para se manterem proactivos na abordagem da dinâmica da indústria em evolução e dos desafios de segurança emergentes. Ao manterem-se proactivas e adaptáveis, as empresas podem navegar eficazmente pelas complexidades da integração das operações digitais e físicas. À medida que a tecnologia continua a avançar, a importância de medidas robustas de cibersegurança não pode ser exagerada. Ao integrarem as melhores práticas de cibersegurança no tecido das suas operações, os fabricantes podem fortalecer as suas defesas contra potenciais ameaças e vulnerabilidades. A adoção de uma abordagem proactiva à cibersegurança não só aumentará a resiliência operacional, como também promoverá a confiança entre as partes interessadas e os clientes.

Os fabricantes podem obter benefícios significativos seguindo uma abordagem estruturada e adoptando tecnologias de ponta e as melhores práticas da indústria. A integração perfeita de sistemas cibernéticos e físicos é crucial para impulsionar a inovação, melhorar a eficiência operacional e manter a competitividade no ambiente industrial dinâmico dos dias de hoje. Esta integração é essencial por várias razões, todas elas contribuindo para a melhoria e otimização dos processos e resultados de fabrico. 2 A convergência dos sistemas cibernéticos e físicos permite que os fabricantes optimizem os seus fluxos de trabalho, minimizem as ineficiências e aumentem a produtividade global. Através de capacidades de monitorização e controlo em tempo real, os fabricantes podem tomar decisões informadas, otimizar os calendários de produção e adaptar-se rapidamente a alterações ou perturbações no ambiente de fabrico. Tirando partido dos dados recolhidos pelos sensores incorporados nas máquinas e nas linhas de produção, os fabricantes podem monitorizar continuamente a qualidade dos produtos em tempo real, permitindo medidas proactivas de controlo da qualidade para detetar defeitos ou desvios numa fase inicial e reduzir o retrabalho e o desperdício. 3 Além disso, a integração de sistemas cibernéticos e físicos permite aos fabricantes implementar automação, estratégias de manutenção preditiva e práticas eficientes de afetação de recursos. Por exemplo, a manutenção preditiva ajuda a evitar tempos de inatividade dispendiosos, resolvendo proactivamente os problemas do equipamento antes que estes se transformem em falhas. Ao adotar estas tecnologias e práticas avançadas, os fabricantes podem reduzir eficazmente os custos operacionais, aumentar a produtividade e assegurar um crescimento sustentável no competitivo panorama industrial.

Os sistemas ciber-físicos desempenham um papel crucial ao permitir que as instalações de fabrico se adaptem rapidamente às exigências em constante mudança do mercado, às preferências dos clientes e às perturbações na cadeia de abastecimento. Ao tirar partido dos dados e da análise em tempo real, os fabricantes ficam habilitados a tomar decisões bem informadas e a modificar prontamente os processos de produção. A integração perfeita destes sistemas abre caminho à incorporação de tecnologias de ponta como a inteligência artificial, a aprendizagem automática e a Internet das Coisas (IoT) no sector da indústria transformadora, desbloqueando assim uma infinidade de oportunidades de inovação, melhoria dos processos e aumento da produtividade. Os fabricantes que adoptarem a convergência dos sistemas cibernéticos e físicos poderão obter uma vantagem competitiva significativa no mercado global. Através da melhoria da eficiência, qualidade e capacidade de resposta, estão mais bem equipados para satisfazer as expectativas dos clientes, reduzir o tempo de colocação no mercado e manter-se à frente dos seus concorrentes. Além disso, a otimização dos processos de fabrico através da integração também pode contribuir para a sustentabilidade ambiental, reduzindo o consumo de energia, minimizando a produção de resíduos e reduzindo as emissões de carbono. Estas práticas sustentáveis estão a tornar-se cada vez mais cruciais para a conformidade com os regulamentos e para satisfazer as preferências dos consumidores. A monitorização proactiva e as medidas robustas de cibersegurança inerentes aos sistemas ciber-físicos são fundamentais para mitigar os riscos associados ao mau funcionamento do equipamento, às violações da cibersegurança ou às perturbações na cadeia de abastecimento. Ao identificar e resolver potenciais problemas numa fase inicial, os fabricantes podem minimizar o seu impacto nas operações e garantir a continuidade do negócio. Em última análise, a integração perfeita de sistemas cibernéticos e físicos não só aumenta a eficiência operacional e a competitividade, como também promove uma abordagem sustentável ao fabrico que se alinha com os requisitos regulamentares e as expectativas dos consumidores.

Capítulo 4: Desafios e oportunidades nos sistemas de fabrico ciber-físicos

A navegação no domínio dos sistemas de fabrico ciber-físicos apresenta uma miríade de desafios que têm de ser enfrentados para aproveitar plenamente o seu potencial. Um dos principais desafios é a complexidade que resulta da integração de sistemas cibernéticos e físicos em ambientes de fabrico. Esta complexidade exige conhecimentos especializados e um planeamento meticuloso para coordenar eficazmente várias tecnologias, protocolos e sistemas. Além disso, o aumento da conetividade nos sistemas de fabrico ciber-físicos acarreta riscos acrescidos de cibersegurança que não podem ser ignorados. Os sistemas de fabrico são susceptíveis a ciberameaças, como malware, ransomware e violações de dados, o que exige medidas robustas de cibersegurança e uma vigilância contínua para proteção contra potenciais ataques. Além disso, garantir a interoperabilidade entre diferentes componentes, dispositivos e sistemas representa outro desafio significativo. A incompatibilidade entre tecnologias ou normas pode impedir uma comunicação e integração perfeitas, resultando em ineficiências e atrasos nos processos de fabrico. Além disso, a gestão das grandes quantidades de dados gerados pelos sistemas ciber-físicos, mantendo a integridade dos dados, a privacidade e a conformidade regulamentar, acrescenta outra camada de complexidade para os fabricantes.

A implementação e a gestão de sistemas de fabrico ciber-físicos requerem um conjunto específico de competências e conhecimentos. No entanto, existe uma escassez de profissionais que possuam conhecimentos nos domínios das TI e do fabrico, o que constitui um desafio significativo para a adoção generalizada e a inovação destes sistemas. A falta de competências neste domínio funciona como uma barreira, impedindo o progresso e o avanço do fabrico ciber-físico. Ao considerar a implementação de sistemas ciber-físicos, os fabricantes devem avaliar cuidadosamente o investimento inicial necessário. Os custos associados à criação destes sistemas podem ser substanciais e é crucial ponderá-los em relação ao retorno esperado do investimento (ROI) e aos benefícios a longo prazo. Os fabricantes têm de justificar a adoção de sistemas ciber-físicos, avaliando os potenciais ganhos financeiros e o valor global que podem trazer às suas operações. Muitas instalações de fabrico dependem fortemente de equipamentos e sistemas desactualizados que podem não se integrar perfeitamente com as modernas tecnologias ciber-físicas. Esta dependência de infra-estruturas antigas constitui um desafio quando se tenta incorporar estes sistemas avançados. Atualizar ou readaptar a infraestrutura existente para suportar a integração pode ser dispendioso e moroso. A necessidade de colmatar o fosso entre os sistemas antigos e as tecnologias ciber-físicas acrescenta outra camada de complexidade ao processo de adoção.

Melhoria do desempenho operacional: Os sistemas ciber-físicos desempenham um papel crucial na melhoria do desempenho operacional, permitindo aos fabricantes otimizar os processos de produção, minimizar o tempo de inatividade e aumentar a eficiência global. Através de funcionalidades como a monitorização em tempo real, a manutenção preditiva e as capacidades de automatização, as empresas podem obter ganhos de produtividade e poupanças de custos significativos, conduzindo, em última análise, a melhores resultados operacionais. Fomento da inovação e da singularidade: A integração de sistemas cibernéticos e físicos apresenta uma grande variedade de oportunidades para promover a inovação e diferenciar as empresas da concorrência. Ao aproveitar tecnologias de ponta como a inteligência artificial, a aprendizagem automática e a Internet das Coisas (IoT), os fabricantes podem explorar novas vias para desenvolver produtos, serviços e modelos de negócio inovadores que satisfaçam as necessidades do mercado e as preferências dos clientes. Maior adaptabilidade e versatilidade: Os sistemas ciber-físicos permitem que os fabricantes melhorem a sua adaptabilidade e versatilidade em resposta à dinâmica do mercado em mudança, às exigências dos clientes e às perturbações da cadeia de fornecimento. Com acesso a dados em tempo real e análises avançadas, os decisores podem fazer escolhas bem informadas e baseadas em dados para otimizar os processos de produção e ajustar-se rapidamente a ambientes empresariais dinâmicos, garantindo assim agilidade e flexibilidade operacionais.

Qualidade e Conformidade Regulamentar: Os fabricantes podem garantir a qualidade e a conformidade dos produtos, monitorizando de perto os processos de produção em tempo real. A deteção precoce de defeitos ou desvios permite uma ação corretiva imediata, reduzindo, em última análise, o desperdício e o retrabalho. Esta abordagem proactiva ajuda a cumprir os requisitos regulamentares e a manter padrões de qualidade consistentes. Eficiência da cadeia de fornecimento: Os sistemas ciber-físicos oferecem visibilidade e transparência em toda a cadeia de fornecimento, permitindo aos fabricantes otimizar a gestão do inventário, as relações com os fornecedores e as operações logísticas. Ao melhorar a coordenação e a colaboração com fornecedores e parceiros, as empresas podem melhorar a resiliência e a agilidade da cadeia de fornecimento. Esta otimização conduz a operações mais eficientes e rentáveis. Sustentabilidade e responsabilidade corporativa: A integração de práticas sustentáveis nos processos de fabrico pode reduzir significativamente o consumo de energia, a produção de resíduos e o impacto ambiental. Isto não só se alinha com os objectivos de responsabilidade social da empresa, como também melhora a reputação da marca e a fidelidade do cliente. Ao dar prioridade à sustentabilidade, os fabricantes podem contribuir para um futuro mais ecológico, ao mesmo tempo que ganham uma vantagem competitiva no mercado.

Compreender os desafios e as oportunidades dos sistemas de fabrico ciber-físicos é essencial para moldar o futuro da indústria transformadora. Ao estarem conscientes destes factores, os líderes da indústria transformadora podem tomar decisões estratégicas bem informadas e alinhadas com a direção da indústria. Este conhecimento permite-lhes dar prioridade aos investimentos de forma sensata, afetar recursos de forma eficaz e desenvolver estratégias abrangentes para a integração de sistemas ciber-físicos nas suas operações. Além disso, o reconhecimento dos desafios associados aos sistemas ciber-físicos é crucial para uma gestão eficaz dos riscos. Os fabricantes que compreendem os riscos potenciais podem identificar e abordar proactivamente as vulnerabilidades da cibersegurança, os problemas de interoperabilidade e outras armadilhas. Ao tomar medidas preventivas para mitigar estes riscos, os fabricantes podem minimizar as perturbações nas suas operações e proteger os seus activos de potenciais ameaças. Além disso, estar ciente das oportunidades que os sistemas ciberfísicos oferecem pode impulsionar a inovação e a adaptação no sector da indústria transformadora. Os fabricantes podem tirar partido de tecnologias como a IA, a IoT e a análise de grandes volumes de dados para desenvolver produtos, serviços e modelos de negócio inovadores. Isto permite-lhes estar à frente da concorrência, satisfazer a evolução das exigências dos clientes e melhorar continuamente os seus processos e tecnologias de fabrico para se manterem relevantes num panorama industrial em rápida mudança.

Ganhar uma vantagem competitiva: Os fabricantes podem ganhar uma vantagem competitiva no mercado abraçando as possibilidades oferecidas pelos sistemas ciber-físicos. Através do aumento da eficiência, agilidade e capacidade de resposta, podem satisfazer eficazmente as exigências dos clientes, reduzir o tempo de colocação no mercado e aproveitar novas oportunidades de mercado. Isto posiciona-os à frente dos seus concorrentes, permitindo-lhes manterem-se na vanguarda da indústria. Otimizar a atribuição de recursos: Compreender os desafios associados aos sistemas ciber-físicos permite aos fabricantes otimizar a atribuição e a utilização dos seus recursos. Ao abordar as lacunas de competências, questões de infra-estruturas antigas e outros obstáculos, os fabricantes podem garantir que os seus recursos são efetivamente utilizados para apoiar a implementação e operação bem sucedidas destes sistemas. Esta otimização conduz a uma maior eficiência e produtividade. Promover a sustentabilidade a longo prazo: Abraçar as oportunidades apresentadas pelos sistemas ciber-físicos permite aos fabricantes adotar práticas sustentáveis que minimizam o impacto ambiental e aumentam a responsabilidade social. Ao otimizar o consumo de energia, reduzir o desperdício e promover práticas sustentáveis na cadeia de fornecimento, os fabricantes contribuem para um futuro mais sustentável. Além disso, estas práticas melhoram a reputação da sua marca e a fidelidade do cliente, uma vez que os consumidores valorizam cada vez mais as empresas que dão prioridade à sustentabilidade. Estabelecimento de liderança no mercado: Os fabricantes que enfrentam com sucesso os desafios e aproveitam as oportunidades dos sistemas ciber-físicos podem estabelecer-se como líderes no sector. Ao impulsionarem a inovação, definirem os padrões da indústria e moldarem as tendências do mercado, podem influenciar a direção do cenário de fabrico e posicionarem-se como pioneiros neste campo. Esta liderança no mercado reforça ainda mais a sua posição competitiva e abre portas a novas oportunidades.

Capítulo 5: Arquitetura dos sistemas de fabrico ciber-físicos

A arquitetura dos sistemas de fabrico ciber-físicos engloba a disposição, os componentes e as interações de diversas tecnologias e subsistemas que permitem a fusão de elementos digitais e físicos em ambientes de fabrico. Embora as implementações e requisitos específicos possam levar a variações nas arquitecturas, uma arquitetura típica de um sistema de fabrico ciberfísico compreende várias camadas essenciais. Ao nível fundamental, o nível físico compreende os elementos tangíveis do sistema de fabrico, como máquinas, equipamentos, sensores, actuadores e infra-estruturas físicas como linhas de produção, transportadores e armazéns. Este nível capta dados do mundo real e facilita as acções físicas com base em comandos digitais. A camada de deteção e atuação faz a interface com a camada física e engloba sensores, actuadores e controladores responsáveis pela recolha de dados do ambiente físico e pelo início de acções. Os sensores medem parâmetros como a temperatura, a pressão, a vibração e a posição, enquanto os actuadores executam acções físicas como o controlo de motores, válvulas e braços robóticos. A camada de comunicação desempenha um papel crucial ao permitir o intercâmbio de dados entre diferentes componentes e subsistemas no sistema de fabrico. Inclui protocolos de comunicação com e sem fios, infra-estruturas de rede e portas de comunicação que asseguram uma conetividade perfeita entre sensores, actuadores, sistemas de controlo e plataformas informáticas de nível superior. Este nível facilita o fluxo suave de informação, permitindo uma coordenação e integração eficientes dos aspectos cibernéticos e físicos do sistema de fabrico.

A camada de controlo desempenha um papel crucial no processo de fabrico, processando e analisando os dados dos sensores. É responsável por coordenar o funcionamento dos actuadores em tempo real para garantir processos de fabrico eficientes. Esta camada engloba vários dispositivos de controlo, como os controladores lógicos programáveis (PLC) e os sistemas de controlo distribuídos (DCS), que estão equipados com algoritmos de controlo, lógica e regras para otimizar o desempenho da produção e dar prioridade à segurança e à fiabilidade. O nível de integração serve de ponte entre os diferentes componentes, subsistemas e tecnologias do sistema de fabrico. Fornece o middleware e a infraestrutura de software necessários para integrar sem problemas estes elementos díspares. Este nível inclui plataformas de software, soluções de middleware e ferramentas de integração que facilitam a agregação, transformação e troca de dados entre vários sistemas, protocolos e normas. Ao permitir a comunicação e a interoperabilidade sem problemas, o nível de integração assegura um sistema de fabrico coeso e eficiente. A camada analítica e de tomada de decisões aproveita o poder dos dados recolhidos dos sensores e processados pela camada de integração. Esta camada utiliza ferramentas avançadas de análise de dados, algoritmos de aprendizagem automática e sistemas de apoio à decisão para obter informações valiosas, fazer previsões e otimizar as operações de fabrico. Ao analisar dados históricos e em tempo real, esta camada identifica padrões, tendências e oportunidades de melhoria. Permite que os fabricantes tomem decisões informadas, aumentem a produtividade e promovam a melhoria contínua dos seus processos de fabrico.

A camada de interface serve de ponte entre os seres humanos e as máquinas no sistema de fabrico, permitindo aos operadores, engenheiros e outras partes interessadas monitorizar, controlar e interagir eficazmente com o sistema. Através da utilização de interfaces gráficas de utilizador (GUIs), dashboards e ferramentas de visualização, os dados em tempo real, as métricas de desempenho e as opções de controlo são apresentados de forma intuitiva e fácil de utilizar, melhorando a experiência geral do utilizador e a eficiência das operações. Por outro lado, a camada de segurança desempenha um papel crucial na proteção do sistema de fabrico ciber-físico contra potenciais ameaças, vulnerabilidades e riscos de cibersegurança. Esta camada incorpora várias medidas e mecanismos de segurança, como controlos de acesso, protocolos de autenticação, técnicas de encriptação, sistemas de deteção de intrusões (IDS) e outras tecnologias e melhores práticas de cibersegurança. Ao implementar estas medidas de segurança, a confidencialidade, a integridade e a disponibilidade dos dados e dos sistemas são asseguradas, atenuando o potencial impacto dos ciberataques. Ao combinar a camada de interface do utilizador para uma interação homem-máquina sem falhas e a camada de segurança para uma proteção robusta da cibersegurança, o sistema de fabrico pode funcionar de forma eficiente e segura. A interface de fácil utilização aumenta a produtividade do utilizador e a tomada de decisões, enquanto as medidas de segurança abrangentes protegem o sistema contra ciberameaças, assegurando a continuidade das operações e a proteção de dados sensíveis. Em conjunto, estas camadas criam um sistema completo que dá prioridade à facilidade de utilização e à segurança no ambiente de fabrico.

O principal objetivo da arquitetura dos sistemas de fabrico ciber-físicos é assegurar a integração harmoniosa dos componentes digitais e físicos, permitindo a monitorização em tempo real, o controlo e a tomada de decisões com base em dados. Esta arquitetura é cuidadosamente concebida para garantir a segurança e a fiabilidade das operações de fabrico. Ao reunir vários componentes e camadas, o sistema de fabrico ciber-físico permite a comunicação, o intercâmbio de dados e o controlo contínuos entre os elementos digitais e físicos presentes num ambiente de fabrico. Para recolher conhecimentos e informações valiosos, os sensores são estrategicamente instalados em todo o ambiente de fabrico. Estes sensores desempenham um papel crucial na recolha de dados de equipamentos e processos físicos. Parâmetros como a temperatura, a pressão, a velocidade, a vibração e a posição são continuamente medidos por estes sensores, gerando um fluxo constante de dados em tempo real. Para garantir uma transmissão eficiente, estes dados são depois enviados através de canais de comunicação com ou sem fios para um sistema centralizado ou unidade de controlo. Para facilitar a troca eficaz de dados entre diferentes dispositivos e sistemas, são utilizados protocolos de comunicação como Ethernet, Wi-Fi, Modbus ou OPC UA. Estes protocolos permitem a transferência de dados e a comunicação sem descontinuidades entre os vários componentes do sistema de fabrico ciber-físico. Ao utilizar estes protocolos, a arquitetura assegura que os elementos digitais e físicos no ambiente de fabrico podem interagir e colaborar de forma eficiente, conduzindo a uma maior produtividade e a operações de fabrico optimizadas.

O processamento e a análise em tempo real dos dados recolhidos são essenciais para extrair conhecimentos valiosos e informações acionáveis. Isto implica a utilização de várias técnicas, como a filtragem, a agregação, a análise estatística e a modelação de dados para identificar padrões, anomalias e tendências nos dados. Tirando partido destas informações, os algoritmos e a lógica de controlo são executados para regular e gerir eficazmente os processos de fabrico. Os actuadores desempenham um papel crucial neste processo, uma vez que recebem comandos do sistema de controlo para realizar acções físicas como ajustar as definições da máquina, controlar braços robóticos ou ativar válvulas e motores. O software de middleware e as ferramentas de integração funcionam como a espinha dorsal do sistema de fabrico, facilitando a integração perfeita de diferentes componentes, subsistemas e tecnologias. Permitem a agregação, a transformação e o intercâmbio de dados entre vários sistemas, protocolos e normas, assegurando a interoperabilidade e a comunicação sem problemas. Além disso, as ferramentas analíticas avançadas e os algoritmos de aprendizagem automática são aplicados aos dados processados para obter informações valiosas, fazer previsões e otimizar as operações de fabrico. Os sistemas de apoio à decisão melhoram ainda mais o processo de tomada de decisão, fornecendo recomendações e orientações aos operadores e decisores com base em dados históricos e em tempo real. Para melhorar a experiência do utilizador e permitir uma monitorização e controlo eficazes do sistema de fabrico, são utilizadas interfaces gráficas de utilizador (GUI), painéis de controlo e ferramentas de visualização. Estas interfaces de fácil utilização fornecem aos operadores, engenheiros e outras partes interessadas dados em tempo real, métricas de desempenho e opções de controlo de uma forma intuitiva e acessível. Além disso, são implementadas medidas e mecanismos de segurança robustos para proteger o sistema de fabrico ciber-físico contra ameaças e vulnerabilidades de cibersegurança. Os controlos de acesso, os mecanismos de autenticação, a encriptação e os sistemas de deteção de intrusão (IDS) trabalham em conjunto para garantir a confidencialidade, a integridade e a disponibilidade dos dados e dos sistemas, protegendo contra o acesso não autorizado, as violações de dados e os ataques maliciosos.

A integração de componentes e funcionalidades nos sistemas de fabrico ciber-físicos desempenha um papel crucial na melhoria dos processos de produção, da eficiência, da qualidade e da competitividade no panorama industrial. A arquitetura destes sistemas é essencial devido à sua capacidade de lidar com as complexidades e os obstáculos presentes nos ambientes de fabrico modernos, ao mesmo tempo que abre caminhos para a inovação, a eficiência e a competitividade. Na sua essência, esta arquitetura oferece um quadro estruturado para a fusão de elementos digitais e físicos nos processos de fabrico. No ambiente interligado de hoje, em que a comunicação e a colaboração contínuas entre máquinas, sensores e sistemas são imperativas, uma arquitetura bem concebida assegura a interoperabilidade, a escalabilidade e a fiabilidade. Além disso, a arquitetura facilita a monitorização, o controlo e a otimização em tempo real das operações de fabrico. Ao recolher dados de sensores incorporados em equipamentos e processos físicos, analisá-los em tempo real e desencadear acções através de actuadores, a arquitetura permite aos fabricantes tomar decisões informadas com base em dados, melhorar a eficiência dos processos e adaptar-se rapidamente a mudanças ou perturbações. Em última análise, a arquitetura dos sistemas de fabrico ciber-físicos serve como pedra angular para impulsionar os avanços na indústria transformadora. Não só simplifica os processos de produção, como também melhora a eficiência, a qualidade e a competitividade globais. Ao tirar partido das capacidades desta arquitetura, os fabricantes podem manter-se na vanguarda no atual panorama industrial acelerado e interligado, garantindo um crescimento sustentável e o sucesso a longo prazo.

Além disso, a conceção da arquitetura permite a integração de tecnologias de ponta como a IA, o ML e a IoT. Estas tecnologias aproveitam o processamento de dados e as capacidades analíticas da arquitetura para extrair informações valiosas, prever resultados futuros e melhorar a eficiência da produção, promovendo assim a inovação e destacando as empresas no mercado competitivo. Além disso, a arquitetura promove uma maior visibilidade e transparência em toda a cadeia de fornecimento de fabrico. Através da integração perfeita de sistemas, subsistemas e intervenientes, os fabricantes podem monitorizar eficazmente os níveis de inventário, avaliar o desempenho dos fornecedores e otimizar as operações logísticas, melhorando assim a coordenação, a colaboração e a eficiência global em toda a cadeia de valor. Além disso, a arquitetura fornece uma base sólida para a implementação de tecnologias avançadas, como a inteligência artificial, a aprendizagem automática e a Internet das Coisas (IoT). Aproveitando as capacidades robustas de processamento e análise de dados da arquitetura, estas tecnologias permitem às empresas obter informações valiosas, fazer previsões precisas e otimizar o desempenho da produção, impulsionando a inovação e a diferenciação no mercado. Além disso, a arquitetura facilita uma maior visibilidade e transparência em toda a cadeia de fornecimento de fabrico. Através da integração perfeita de vários sistemas, subsistemas e intervenientes, os fabricantes podem monitorizar eficazmente os níveis de inventário, avaliar o desempenho dos fornecedores e otimizar as operações logísticas, melhorando assim a coordenação, a colaboração e a eficiência global em toda a cadeia de valor. Além disso, a arquitetura serve de catalisador para a adoção de tecnologias de ponta como a inteligência artificial, a aprendizagem automática e a Internet das Coisas (IoT). Estas tecnologias tiram partido das poderosas capacidades de processamento e análise de dados da arquitetura para extrair informações valiosas, prever resultados futuros e otimizar o desempenho da produção, promovendo assim a inovação e destacando as empresas no mercado. Além disso, a arquitetura permite uma maior visibilidade e transparência em toda a cadeia de fornecimento de fabrico. Através da integração perfeita de sistemas, subsistemas e intervenientes, os fabricantes podem acompanhar facilmente os níveis de inventário, monitorizar o desempenho dos fornecedores e otimizar as operações logísticas, o que conduz a uma melhor coordenação, colaboração e eficiência em toda a cadeia de valor.

Além disso, a arquitetura coloca uma grande ênfase na cibersegurança e na gestão de riscos para se proteger contra ciberameaças e vulnerabilidades. Ao implementar medidas de segurança fortes, como controlos de acesso, encriptação e sistemas de deteção de intrusão, a arquitetura garante a confidencialidade, a integridade e a disponibilidade dos dados e dos sistemas. Isto assegura a proteção contra o acesso não autorizado, as violações de dados e os ataques maliciosos. Em suma, a importância da arquitetura dos sistemas de fabrico ciber-físicos reside na sua capacidade de facilitar a integração perfeita, a monitorização em tempo real, a tomada de decisões baseada em dados, a inovação, a otimização da cadeia de fornecimento e a cibersegurança. Em última análise, isto permite aos fabricantes prosperar no atual ambiente empresarial dinâmico e competitivo. Além disso, a arquitetura dos sistemas de fabrico ciber-físicos dá prioridade à cibersegurança e à gestão do risco como componentes essenciais. Através da implementação de medidas de segurança robustas, como controlos de acesso, encriptação e sistemas de deteção de intrusão, a arquitetura garante que os dados e os sistemas permanecem confidenciais, integrais e disponíveis.
Esta abordagem abrangente protege contra acessos não autorizados, violações de dados e ataques maliciosos. Essencialmente, a importância da arquitetura advém da sua capacidade de permitir uma integração perfeita, monitorização em tempo real, tomada de decisões baseada em dados, inovação, otimização da cadeia de fornecimento e cibersegurança. Ao adotar estas caraterísticas, os fabricantes podem navegar eficazmente no panorama empresarial em constante mudança e altamente competitivo. Além disso, a arquitetura dos sistemas de fabrico ciber-físicos é concebida com um forte enfoque na cibersegurança e na gestão de riscos. Ao incorporar medidas de segurança rigorosas, como controlos de acesso, encriptação e sistemas de deteção de intrusão, a arquitetura garante a confidencialidade, integridade e disponibilidade de dados e sistemas. Isto assegura a proteção contra o acesso não autorizado, as violações de dados e os ataques maliciosos. Em conclusão, a arquitetura desempenha um papel crucial ao permitir a

integração perfeita, a monitorização em tempo real, a tomada de decisões com base em dados, a inovação, a otimização da cadeia de fornecimento e a cibersegurança. Ao tirar partido destas capacidades, os fabricantes podem prosperar no atual ambiente empresarial dinâmico e ferozmente competitivo.

Capítulo 6: Sensores e actuadores em sistemas de fabrico ciber-físicos

No domínio dos sistemas de fabrico ciber-físicos, a importância dos sensores e actuadores não pode ser exagerada. Estes componentes funcionam como ligações vitais entre os domínios físico e digital, facilitando a monitorização, o controlo e a otimização em tempo real dos processos de fabrico. Os sensores são fundamentais na deteção e medição de vários fenómenos físicos ou condições no ambiente de fabrico. Englobam uma vasta gama de tipos, tais como sensores de temperatura, sensores de pressão, sensores de proximidade, sensores de movimento e muitos outros. Estes sensores estão estrategicamente posicionados em toda a instalação de fabrico para captar dados de máquinas, equipamento e processos de produção. Por exemplo, os sensores de temperatura são utilizados para supervisionar a temperatura de fornos industriais ou reactores químicos, assegurando que funcionam dentro dos limites especificados para evitar sobreaquecimento ou danos térmicos. Os sensores de pressão, por outro lado, podem monitorizar a pressão dentro de sistemas hidráulicos ou pneumáticos, detectando prontamente fugas ou anomalias que possam resultar em falhas do equipamento ou riscos de segurança. Por último, os sensores de movimento são utilizados para seguir o movimento de braços robóticos ou correias transportadoras, garantindo um controlo e coordenação precisos das operações de fabrico. A integração de sensores e actuadores em sistemas de fabrico ciberfísicos revolucionou a indústria ao fazer a ponte entre os mundos físico e digital. Estes componentes permitem a monitorização, o controlo e a otimização em tempo real dos processos de fabrico, conduzindo a uma maior eficiência e produtividade. Os sensores, em particular, são fundamentais para a captação de dados relacionados com vários fenómenos ou condições físicas no ambiente de fabrico. Existem diversos tipos de sensores, incluindo sensores de temperatura, sensores de pressão, sensores de proximidade, sensores de movimento e muitos outros. Estes sensores estão estrategicamente posicionados em toda a instalação de fabrico para recolher dados de máquinas, equipamento e processos de produção. Por exemplo, os sensores de temperatura são utilizados para monitorizar a temperatura de fornos industriais ou reactores químicos, assegurando que funcionam dentro dos limites especificados para evitar sobreaquecimento ou danos térmicos. Os sensores de pressão, por outro lado, podem monitorizar a pressão dentro de sistemas hidráulicos ou pneumáticos, detectando prontamente fugas ou anomalias que possam resultar em falhas do equipamento ou riscos de segurança. Os sensores de movimento desempenham um papel crucial no acompanhamento do movimento de braços robóticos ou correias transportadoras, facilitando o controlo preciso e a coordenação das operações de fabrico. Os sensores e actuadores são componentes indispensáveis nos sistemas de fabrico ciber-físicos, uma vez que fazem a ponte entre os mundos físico e digital. Estes componentes permitem a monitorização, o controlo e a otimização em tempo real dos processos de fabrico, revolucionando a indústria. Os sensores, em particular, são responsáveis pela deteção e medição de vários fenómenos ou condições físicas no ambiente de fabrico. Existem diferentes tipos, incluindo sensores de temperatura, sensores de pressão, sensores de proximidade, sensores de movimento, etc.

Os actuadores, por sua vez, são mecanismos que transformam sinais digitais em movimentos ou acções físicas. Recebem instruções de sistemas de controlo com base em dados recolhidos por sensores e iniciam reacções físicas para regular ou gerir procedimentos de fabrico. Vários exemplos de actuadores incluem motores, válvulas, bombas, solenóides e braços robóticos. Por exemplo, os motores eléctricos podem modificar a velocidade ou a posição de correias transportadoras, linhas de montagem ou braços robóticos com base no feedback de sensores para aumentar o rendimento e a eficiência da produção. As válvulas podem regular o fluxo de líquidos ou gases em condutas industriais ou equipamento de processamento, garantindo um controlo preciso das reacções químicas ou das operações de manuseamento de materiais. Os braços robóticos equipados com actuadores podem executar tarefas complexas como a soldadura, a pintura ou o manuseamento de materiais com uma precisão e exatidão excepcionais. Nos sistemas de fabrico ciber-físicos, os sensores e os actuadores colaboram para permitir um controlo em circuito fechado, em que os dados recolhidos pelos sensores informam as decisões e acções em tempo real iniciadas pelos actuadores. Este mecanismo de feedback em circuito fechado permite que os fabricantes monitorizem, ajustem e optimizem continuamente os processos de produção, garantindo qualidade, eficiência e fiabilidade. Os actuadores, por outro lado, são dispositivos que convertem sinais digitais em movimentos ou acções físicas. Recebem comandos de sistemas de controlo com base em dados recolhidos por sensores e iniciam respostas físicas para regular ou controlar os processos de fabrico. Exemplos de actuadores incluem motores, válvulas, bombas, solenóides e braços robóticos. Por exemplo, os motores eléctricos podem ajustar a velocidade ou a posição de correias transportadoras, linhas de montagem ou braços robóticos com base no feedback de sensores para otimizar o rendimento e a eficiência da produção. As válvulas podem regular o fluxo de líquidos ou gases em condutas industriais ou equipamento de processamento, assegurando um controlo preciso das reacções químicas ou das operações de manuseamento de materiais. Os braços robóticos equipados com actuadores podem executar tarefas complexas como soldar, pintar ou manusear materiais com elevada precisão e exatidão. Nos sistemas de fabrico ciber-físicos, os sensores e os actuadores trabalham em conjunto para permitir um controlo em circuito fechado, em que os dados recolhidos pelos sensores informam as decisões e acções em tempo real iniciadas pelos actuadores. Este mecanismo de feedback em circuito fechado permite aos fabricantes monitorizar, ajustar e otimizar continuamente os processos de produção, garantindo qualidade, eficiência e fiabilidade. Os actuadores, no entanto, são dispositivos que convertem sinais digitais em acções ou movimentos físicos. Recebem comandos de sistemas de controlo com base em dados recolhidos por sensores e iniciam respostas físicas para regular ou controlar os processos de fabrico. Exemplos de actuadores incluem motores, válvulas, bombas, solenóides e braços robóticos. Os motores eléctricos, por exemplo, podem ajustar a velocidade ou a posição de correias transportadoras, linhas de montagem ou braços robóticos com base no feedback de sensores para otimizar a produção.

Além disso, os progressos realizados nas tecnologias de sensores e actuadores, incluindo a miniaturização, a conetividade sem fios e o baixo consumo de energia, abriram novas possibilidades para os sistemas de fabrico ciber-físicos. Estes avanços proporcionaram aos fabricantes uma maior flexibilidade, escalabilidade e interoperabilidade. Ao utilizar estas tecnologias, os fabricantes podem agora instalar sensores e actuadores numa vasta gama de ambientes difíceis, recolher e processar dados de forma eficiente e obter um controlo preciso e ágil dos seus processos de fabrico. A integração de sensores e actuadores em sistemas de fabrico ciber-físicos tornou-se crucial para a fusão perfeita de elementos digitais e físicos. Esta integração permite que os fabricantes monitorizem, controlem e optimizem continuamente os seus processos de produção em tempo real. Com a ajuda destes componentes essenciais, os fabricantes podem recolher dados valiosos, tomar decisões informadas e melhorar a eficiência global das suas operações de fabrico. Os avanços nas tecnologias de sensores e actuadores revolucionaram a forma como os fabricantes operam, permitindo-lhes atingir níveis sem precedentes de precisão e adaptabilidade. Os avanços nas tecnologias de sensores e actuadores trouxeram melhorias significativas no domínio dos sistemas de fabrico ciber-físicos. Estas tecnologias permitiram aos fabricantes ultrapassar vários desafios, proporcionando maior flexibilidade, escalabilidade e interoperabilidade. Com a capacidade de instalar sensores e actuadores em diversos ambientes, os fabricantes podem agora recolher e processar dados de forma eficiente, o que leva a um maior controlo dos seus processos de fabrico. A integração perfeita de elementos digitais e físicos revolucionou a forma como os fabricantes operam, permitindo-lhes monitorizar e otimizar os processos de produção em tempo real. Em geral, estes avanços abriram caminho para uma maior precisão, agilidade e eficiência na indústria transformadora.

No domínio dos sistemas de fabrico ciber-físicos, os sensores e os actuadores são componentes essenciais que contribuem significativamente para a melhoria dos sistemas de qualidade. Estes dispositivos tecnológicos permitem a monitorização, o controlo e a otimização dos processos de produção em tempo real, garantindo assim a eficiência e a precisão das operações de fabrico. Os sensores desempenham um papel crucial na melhoria da qualidade, fornecendo dados exactos e atempados sobre vários parâmetros relevantes para o processo de fabrico. Por exemplo, os sensores de temperatura são fundamentais para monitorizar a temperatura de componentes ou processos críticos, garantindo que funcionam dentro dos limites especificados para evitar defeitos ou desvios. Os sensores de pressão, por outro lado, são hábeis na deteção de variações nos níveis de pressão, alertando prontamente os operadores para potenciais problemas que possam comprometer a qualidade do produto. Os sensores de movimento também desempenham um papel vital ao acompanharem o movimento de equipamento ou materiais, garantindo o alinhamento e posicionamento adequados durante as actividades de fabrico. Ao monitorizar continuamente estes parâmetros essenciais, os sensores facilitam a identificação precoce de desvios dos padrões de qualidade desejados no processo de produção. Esta deteção precoce permite a implementação de acções corretivas imediatas, reduzindo assim a probabilidade de defeitos ou não conformidades e garantindo que os produtos finais cumprem requisitos de qualidade rigorosos. Em última análise, a integração de sensores e actuadores em sistemas de fabrico ciber-físicos é indispensável para manter padrões de alta qualidade e otimizar a eficiência da produção.

Os actuadores desempenham um papel crucial no complemento dos sensores, fornecendo um controlo e ajuste precisos dos processos de fabrico para manter padrões de alta qualidade. Podem ajustar a velocidade ou a posição do equipamento de produção com base no feedback recebido dos sensores, assegurando caraterísticas de produto consistentes e uniformes. Além disso, os actuadores podem regular o fluxo de materiais e afinar os parâmetros do processo para otimizar a qualidade e minimizar a variabilidade. A integração de sensores e actuadores permite sistemas de controlo em circuito fechado que monitorizam continuamente as variáveis do processo, analisam os dados e fazem ajustes em tempo real para manter o nível de qualidade desejado. Este mecanismo de feedback em circuito fechado permite a rápida deteção e correção de quaisquer desvios, resultando numa maior estabilidade, repetibilidade e fiabilidade do processo. Além disso, os avanços nas tecnologias de sensores e actuadores, tais como maior sensibilidade, precisão e fiabilidade, aumentaram ainda mais a sua capacidade de contribuir para sistemas de qualidade em ambientes de fabrico ciber-físicos. Estes avanços tecnológicos permitem aos fabricantes captar e analisar dados com maior precisão, identificar problemas relacionados com a qualidade de forma mais eficaz e implementar acções corretivas de forma proactiva. Nos sistemas de fabrico ciber-físicos, os sensores e os actuadores desempenham um papel vital na melhoria dos sistemas de qualidade, fornecendo monitorização, controlo e otimização em tempo real dos processos de produção. A sua capacidade para detetar desvios numa fase inicial, efetuar ajustes precisos e fornecer um controlo de feedback em circuito fechado garante que os produtos cumprem normas de qualidade rigorosas e excedem as expectativas dos clientes.

Capítulo 7: Protocolos e normas de comunicação para sistemas ciber-físicos

Os protocolos e as normas de comunicação desempenham um papel crucial nos sistemas ciber-físicos (CPS), fundindo processos físicos com elementos computacionais para garantir um funcionamento suave, fiável e seguro. Estes protocolos e normas ditam os métodos de comunicação entre os vários componentes de um CPS, permitindo a troca de dados, sinais de controlo e coordenação entre diferentes dispositivos e sistemas. No âmbito dos CPS, os protocolos de comunicação estabelecem as diretrizes para a transmissão de dados e comandos entre dispositivos, sensores, actuadores, controladores e outros elementos essenciais interligados, assegurando uma interoperabilidade e compatibilidade perfeitas entre diversos componentes. Ao definir as regras e convenções para a transmissão de dados e troca de comandos, os protocolos de comunicação em CPS facilitam a comunicação eficiente entre dispositivos e sistemas interligados. Estes protocolos são fundamentais para garantir que os diferentes componentes de um CPS possam comunicar eficazmente, permitindo a integração e interação perfeitas necessárias para que o sistema funcione de forma óptima. Através da implementação de protocolos de comunicação padronizados, os CPS podem alcançar interoperabilidade e compatibilidade, permitindo o bom funcionamento de sistemas complexos que dependem da interação de vários elementos. O estabelecimento e a adesão a protocolos e normas de comunicação são vitais para o bom funcionamento dos sistemas ciber-físicos. Estes protocolos regem a forma como os dados são transmitidos, os comandos são trocados e os dispositivos comunicam dentro de um CPS, assegurando que o sistema funciona de forma eficiente, fiável e segura. Ao seguir os protocolos de comunicação estabelecidos, os CPS podem alcançar uma integração, interoperabilidade e compatibilidade perfeitas entre diversos componentes, permitindo que o sistema funcione eficazmente e cumpra os objectivos pretendidos.

Os protocolos de comunicação em sistemas ciber-físicos (CPS) desempenham um papel vital na garantia de uma transmissão de dados eficiente e fiável. Um aspeto fundamental destes protocolos é a sua capacidade de suportar uma comunicação em tempo real e determinística. A comunicação em tempo real garante a entrega atempada de dados e comandos, permitindo o controlo eficaz de processos físicos e respostas rápidas a condições ambientais dinâmicas. Por outro lado, a comunicação determinística garante que as mensagens sejam entregues de forma previsível e com latência limitada, o que é crucial para manter a estabilidade e a fiabilidade do sistema. Nos CPS, são normalmente utilizados vários protocolos de comunicação, cada um oferecendo caraterísticas, capacidades e compromissos distintos. Os protocolos Ethernet industriais, como PROFINET, EtherCAT e Ethernet/IP, são amplamente utilizados em aplicações de fabrico e automação. Estes protocolos são preferidos devido à sua elevada largura de banda, determinismo e suporte de normas de automatização industrial. Além disso, os protocolos de bus de campo, como Modbus, PROFIBUS e CANbus, são amplamente utilizados, especialmente em sistemas antigos e aplicações de controlo distribuído. Estes protocolos fornecem uma comunicação fiável e são adequados para casos de utilização específicos no âmbito dos CPS.

As tecnologias de comunicação sem fios estão a tornar-se cada vez mais vitais nos sistemas ciber-físicos (CPS) devido à sua capacidade de proporcionar flexibilidade, mobilidade e escalabilidade. Vários protocolos sem fios, como Wi-Fi, Bluetooth, Zigbee e LoRaWAN, são utilizados em diferentes aplicações de CPS, desde edifícios inteligentes a sistemas de transporte e monitorização ambiental. Juntamente com estes protocolos de comunicação, as normas são cruciais para garantir a interoperabilidade, segurança e fiabilidade nas implementações de CPS. Organizações como o Institute of Electrical and Electronics Engineers (IEEE), a International Organization for Standardization (ISO) e o Industrial Internet Consortium (IIC) estão ativamente envolvidas no desenvolvimento e promoção de normas para protocolos de comunicação, formatos de dados, interfaces e mecanismos de segurança em CPS. A adesão a estas normas estabelecidas permite uma integração perfeita de componentes de diferentes fornecedores, promove a interoperabilidade entre diversos sistemas e simplifica a conceção, a implantação e a manutenção dos CPS. Além disso, as abordagens baseadas em normas desempenham um papel significativo no reforço da segurança, definindo as melhores práticas de autenticação, encriptação, controlo de acesso e atenuação de ameaças em ambientes CPS. Em resumo, as tecnologias de comunicação sem fios estão a desempenhar um papel crucial no avanço dos CPS, oferecendo numerosos benefícios como a flexibilidade, a mobilidade e a escalabilidade. As normas desenvolvidas por organizações como a IEEE, a ISO e a IIC são essenciais para garantir a interoperabilidade, a segurança e a fiabilidade nas implementações de CPS. Seguindo as normas estabelecidas, os CPS podem alcançar uma integração perfeita, promover a interoperabilidade e melhorar as medidas de segurança, conduzindo, em última análise, a implementações de CPS mais eficientes e eficazes.

Os protocolos e normas de comunicação desempenham um papel crucial no funcionamento dos sistemas ciberfísicos, assegurando uma comunicação fluida e segura entre dispositivos interligados. Estes protocolos são essenciais para permitir uma coordenação e colaboração eficientes entre vários componentes dos CPS, acabando por impulsionar avanços e melhorias em sectores como a indústria transformadora, os transportes, os cuidados de saúde e as infra-estruturas inteligentes. Sem protocolos de comunicação normalizados, a integração perfeita de processos físicos com elementos computacionais seria um desafio, dificultando o desempenho geral e a eficácia dos CPS. No domínio dos sistemas ciber-físicos, a dependência de protocolos e normas de comunicação é fundamental devido à natureza complexa dos dispositivos e sistemas interligados. Estes protocolos servem de base para o estabelecimento de canais de comunicação fiáveis e seguros, facilitando a troca de dados e informações essenciais para o funcionamento dos CPS. Ao aderir a normas estabelecidas, as organizações podem garantir a interoperabilidade e a compatibilidade entre diferentes dispositivos e sistemas, promovendo uma integração perfeita e um funcionamento eficiente no ambiente ciber-físico. Além disso, os protocolos e normas de comunicação não só aumentam a eficiência e a segurança dos sistemas ciber-físicos, como também impulsionam a inovação e a transformação em vários domínios. Ao fornecerem um quadro comum para a comunicação e a coordenação, estes protocolos permitem o desenvolvimento de novas tecnologias e soluções que podem revolucionar sectores como a indústria transformadora, os transportes, os cuidados de saúde e as infra-estruturas inteligentes. À medida que os CPS continuam a evoluir e a expandir-se, a importância dos protocolos de comunicação normalizados só irá aumentar, moldando o futuro dos sistemas e dispositivos interligados.

Os protocolos de comunicação desempenham um papel crucial na definição das orientações e normas para o intercâmbio de dados e a transmissão de comandos entre vários dispositivos, sensores, actuadores e controladores interligados em sistemas ciber-físicos (CPS). Estes protocolos são essenciais para assegurar a comunicação e a coordenação sem descontinuidades dentro do sistema. Na ausência de protocolos normalizados, existe o risco de se deparar com desafios de interoperabilidade que podem perturbar o fluxo de comunicação entre diferentes componentes, conduzindo a potenciais ineficiências no sistema. Ao estabelecer um conjunto comum de regras e convenções, os protocolos de comunicação ajudam a facilitar as interações entre os diversos elementos de uma DPC. Isto assegura que os dados podem ser trocados com exatidão e os comandos podem ser transmitidos eficazmente, permitindo que o sistema funcione de forma eficiente. Sem a presença de protocolos normalizados, existe a probabilidade de se encontrarem problemas de compatibilidade que podem prejudicar a funcionalidade e o desempenho globais do CPS, afectando a sua capacidade de fornecer resultados óptimos. Em conclusão, os protocolos de comunicação funcionam como a espinha dorsal dos sistemas ciberfísicos, permitindo uma comunicação e coordenação perfeitas entre dispositivos e componentes interligados. Estes protocolos são essenciais para garantir que a troca de dados e a transmissão de comandos ocorrem de forma estruturada e eficiente, melhorando assim a funcionalidade e o desempenho globais do sistema. Os protocolos normalizados desempenham um papel fundamental na atenuação dos desafios de interoperabilidade e na garantia de que o CPS funciona sem problemas e de forma eficaz.

A comunicação em tempo real e determinística desempenha um papel crucial nos ambientes CPS, dando prioridade à entrega atempada de dados e ao controlo preciso dos processos físicos. A utilização de protocolos de comunicação especificamente concebidos para satisfazer requisitos em tempo real permite respostas rápidas a alterações dinâmicas do ambiente. Além disso, estes protocolos ajudam a sincronizar operações distribuídas, melhorando, em última análise, o desempenho geral e a fiabilidade do sistema. No domínio dos ambientes CPS, a importância da comunicação em tempo real e determinística não pode ser sobrestimada. Esta serve de pilar fundamental para garantir a transmissão rápida de dados e o controlo preciso dos processos físicos. Ao utilizar protocolos de comunicação adaptados para satisfazer requisitos em tempo real, o sistema pode adaptar-se rapidamente a alterações dinâmicas do ambiente. Além disso, estes protocolos facilitam a sincronização de operações distribuídas, reforçando assim o desempenho e a fiabilidade de todo o sistema. A entrega atempada de dados e o controlo preciso dos processos físicos são da maior importância nos ambientes CPS. Para tal, são essenciais protocolos de comunicação especificamente concebidos para suportar requisitos em tempo real. Estes protocolos permitem respostas rápidas a alterações dinâmicas do ambiente, assegurando que o sistema se pode adaptar e reagir prontamente.

Além disso, facilitam a sincronização de operações distribuídas, melhorando o desempenho geral e a fiabilidade do sistema.

A importância de protocolos padronizados em implantações de CPS é ainda mais enfatizada pela integração de tecnologias de comunicação sem fio. Embora os protocolos sem fios como Wi-Fi, Bluetooth e Zigbee ofereçam flexibilidade e mobilidade, têm de aderir a normas estabelecidas para garantir a compatibilidade e interoperabilidade entre dispositivos e sistemas. A adesão a estas normas não só facilita a comunicação, como também desempenha um papel crucial na garantia de segurança e resiliência em ambientes CPS. Ao implementar protocolos e mecanismos de segurança normalizados, os CPS podem mitigar os riscos de cibersegurança, fornecendo orientações para a autenticação, encriptação, controlo de acesso e deteção de ameaças. Isto ajuda a salvaguardar dados sensíveis e operações críticas contra ataques maliciosos e acesso não autorizado. Além disso, a adoção de abordagens baseadas em normas nas implementações de CPS promove a escalabilidade e a preparação para o futuro. Permite a integração perfeita de componentes de diferentes fornecedores e suporta a interoperabilidade em diversas plataformas e ecossistemas. Essa flexibilidade é vital para acomodar os avanços tecnológicos em evolução e atender às mudanças nos requisitos comerciais ao longo do tempo. Ao seguir protocolos normalizados, os CPS podem adaptar-se a novas inovações e avanços sem enfrentarem problemas de compatibilidade. Este aspeto de escalabilidade e de preparação para o futuro é crucial para impulsionar a inovação e o avanço dos CPS em vários domínios e indústrias. Em última análise, os protocolos e normas de comunicação são a espinha dorsal dos sistemas ciber-físicos. Permitem uma comunicação e coordenação eficientes, fiáveis e seguras entre dispositivos e sistemas interligados. A necessidade de protocolos padronizados reside na sua capacidade de facilitar a interoperabilidade, suportar requisitos em tempo real, garantir a segurança e promover a escalabilidade. Ao aderir a normas estabelecidas, os CPS podem ultrapassar desafios relacionados com a compatibilidade, segurança e escalabilidade, abrindo assim caminho para a inovação e o avanço em vários domínios e indústrias. Os protocolos normalizados desempenham um papel vital na promoção do crescimento e do sucesso dos CPS, permitindo uma integração perfeita, uma comunicação segura e a preparação para o futuro.

Capítulo 8: Monitorização e Controlo em Tempo Real nos Processos de Fabrico

A monitorização e o controlo em tempo real desempenham um papel crucial na eficiência e adaptabilidade dos processos de fabrico modernos. Isto envolve a recolha, análise e interpretação contínuas de dados de vários sensores e dispositivos colocados estrategicamente em toda a instalação de produção. Os dados recolhidos incluem uma vasta gama de parâmetros, como temperatura, pressão, velocidade, vibração e métricas de qualidade, oferecendo informações valiosas sobre o desempenho e o estado do equipamento, dos processos e dos produtos. Os sistemas de monitorização em tempo real são concebidos para agregar e processar os dados dos sensores quase instantaneamente, permitindo que os operadores e os decisores acedam a informações acionáveis sobre o processo de fabrico. Ao visualizar indicadores-chave de desempenho (KPIs), tendências e anomalias, estes sistemas permitem que as partes interessadas identifiquem potenciais problemas, melhorem a eficiência operacional e tomem decisões bem informadas para aumentar a produtividade e a qualidade globais. Esta análise de dados em tempo real é essencial para identificar estrangulamentos, otimizar fluxos de trabalho e garantir que a produção decorre sem problemas e de forma eficaz. Essencialmente, a monitorização e o controlo em tempo real são componentes essenciais de ambientes de produção dinâmicos, fornecendo as ferramentas necessárias para que os fabricantes respondam rapidamente às condições e exigências em mudança. Ao aproveitar o poder da análise de dados em tempo real, as empresas podem melhorar os seus processos de tomada de decisões, melhorar o desempenho operacional e, em última análise, alcançar níveis mais elevados de produtividade e qualidade nas suas operações de fabrico. A capacidade de monitorizar e controlar os processos em tempo real é um fator essencial para se manter competitivo no atual panorama de fabrico em rápida evolução.

Além disso, a monitorização instantânea permite uma manutenção proactiva, em que o estado e a eficiência das máquinas são avaliados de forma consistente para prever e evitar possíveis avarias ou atrasos. Através da utilização da análise de dados e de algoritmos de inteligência artificial, as empresas do sector da indústria transformadora podem antecipar os requisitos de manutenção, planear intervenções com antecedência e reduzir interrupções inesperadas. Esta abordagem ajuda a maximizar a utilização dos activos e a prolongar a vida útil do equipamento. Além disso, a monitorização em tempo real desempenha um papel crucial no aumento da eficiência operacional e na redução dos custos globais de manutenção. Ao monitorizar continuamente o estado e o desempenho da maquinaria, as organizações podem identificar potenciais problemas numa fase inicial, resolvê-los prontamente e evitar reparações ou substituições dispendiosas. Esta estratégia de manutenção proactiva não só melhora a produtividade

mas também assegura que os recursos são utilizados eficazmente, conduzindo a uma maior rentabilidade e competitividade no mercado. Além disso, a integração de práticas de manutenção preditiva através da monitorização em tempo real pode resultar em melhorias significativas nos processos de produção e na eficácia global do equipamento. Através da análise de dados em tempo real e da utilização de algoritmos avançados, as empresas de produção podem otimizar os programas de manutenção, minimizar o tempo de inatividade e aumentar a fiabilidade das suas operações. Esta abordagem proactiva não só aumenta o desempenho operacional, como também aumenta a satisfação do cliente, assegurando a entrega atempada de produtos e serviços.

Os mecanismos de controlo em tempo real não só monitorizam como também facilitam o ajuste dinâmico e a otimização dos processos de fabrico. Estes mecanismos desempenham um papel crucial no cumprimento dos objectivos de produção, na manutenção dos padrões de qualidade e na adaptação à evolução das exigências do mercado. Integrados em controladores lógicos programáveis (PLC), sistemas de controlo distribuído (DCS) ou sistemas de controlo de supervisão e aquisição de dados (SCADA), os algoritmos de controlo regem o funcionamento de vários activos de produção, como máquinas, robôs e transportadores. Estes algoritmos baseiam-se no feedback de sensores em tempo real e em estratégias de controlo predefinidas para garantir uma produção eficiente e eficaz. A implementação de mecanismos de controlo em tempo real vai além da mera monitorização dos processos de fabrico. Estes mecanismos permitem o ajustamento e a otimização contínuos das operações, de modo a corresponderem aos objectivos de produção, às normas de qualidade e às exigências do mercado. Os controladores lógicos programáveis (PLCs), os sistemas de controlo distribuído (DCS) e os sistemas de controlo de supervisão e aquisição de dados (SCADA) alojam algoritmos de controlo que regem o funcionamento de máquinas, robôs, transportadores e outros activos de produção. Utilizando o feedback de sensores em tempo real e estratégias de controlo predefinidas, estes algoritmos asseguram que os processos de produção são continuamente optimizados para uma eficiência e produtividade máximas. Os mecanismos de controlo em tempo real desempenham um papel vital na produção, não só monitorizando, mas também ajustando e optimizando dinamicamente os processos de produção. Estes mecanismos são essenciais para cumprir os objectivos de produção, manter os padrões de qualidade e adaptar-se às exigências do mercado em constante mudança. Os algoritmos de controlo, integrados nos controladores lógicos programáveis (PLC), nos sistemas de controlo distribuído (DCS) ou nos sistemas de controlo de supervisão e aquisição de dados (SCADA), regulam o funcionamento de vários activos de produção. Estes algoritmos baseiam-se no feedback dos sensores em tempo real e em estratégias de controlo predefinidas para garantir que as máquinas, os robôs, os transportadores e outros activos funcionam de forma eficiente e eficaz em tempo real.

Os sistemas de controlo de feedback em circuito fechado desempenham um papel crucial no fabrico moderno, detectando e corrigindo automaticamente os desvios dos parâmetros de processo desejados, garantindo uma qualidade e um desempenho consistentes do produto. As estratégias de controlo adaptativo, como o controlo preditivo de modelos (MPC) e o controlo lógico difuso, permitem a otimização dinâmica das variáveis do processo em resposta a alterações nas matérias-primas, condições ambientais ou especificações do produto. Estas estratégias aumentam a flexibilidade e a agilidade das operações de fabrico, permitindo que as empresas se adaptem rapidamente à evolução das exigências do mercado. Os sistemas de controlo em tempo real melhoram ainda mais as capacidades de fabrico, facilitando a implementação de conceitos avançados, como o fabrico optimizado, a produção just-in-time (JIT) e o fabrico ágil. Estes conceitos centram-se na eficiência, na flexibilidade e na capacidade de resposta ao cliente, que são fundamentais no atual panorama competitivo. Ao monitorizar e ajustar continuamente os processos de produção em tempo real, os fabricantes podem minimizar o desperdício, reduzir os prazos de entrega e otimizar a utilização dos recursos, melhorando, em última análise, a competitividade e a rentabilidade. A integração de tecnologias de monitorização e controlo em tempo real nos processos de fabrico é essencial para garantir a eficiência, a qualidade e a capacidade de resposta em todos os ambientes de produção. Estas tecnologias permitem aos fabricantes observar, analisar e ajustar vários aspectos das suas operações em tempo real, conduzindo a benefícios significativos em diferentes fases do processo de fabrico. Ao tirar partido destas capacidades, as empresas podem tomar decisões proactivas, implementar estratégias de manutenção preditiva e otimizar dinamicamente os seus processos para maximizar a produtividade, a qualidade e a eficiência, mantendo-se adaptáveis e resistentes face aos desafios operacionais e às exigências do mercado.

Um elemento essencial da monitorização em tempo real no fabrico envolve a constante recolha e análise de dados de sensores posicionados em toda a instalação de produção. Estes sensores são responsáveis pela medição de vários parâmetros como temperatura, pressão, velocidade, vibração e métricas de qualidade dos produtos que estão a ser fabricados. Através da agregação e do processamento destes dados em tempo real, os fabricantes conseguem obter informações cruciais sobre o desempenho e o estado dos seus equipamentos, processos e produtos finais. Por exemplo, num ambiente de maquinagem, os sensores afixados na maquinaria podem acompanhar parâmetros importantes, como a velocidade de corte, o desgaste da ferramenta e a temperatura do material. Os sistemas de monitorização em tempo real desempenham um papel vital na análise destes dados para identificar quaisquer irregularidades ou desvios das condições de funcionamento ideais. Isto permite aos operadores resolver prontamente quaisquer problemas que surjam, evitando potenciais danos no equipamento ou defeitos nos produtos finais. Além disso, a monitorização em tempo real também apoia as práticas de manutenção preditiva, em que o estado e o desempenho das máquinas são continuamente monitorizados para prever os requisitos de manutenção antes da ocorrência de quaisquer falhas. Ao examinar os dados dos sensores e os padrões históricos, os fabricantes podem antecipar quando o equipamento poderá necessitar de manutenção ou de substituição de componentes. Esta abordagem proactiva ajuda a minimizar o tempo de inatividade não planeado, a reduzir as despesas de manutenção e a prolongar a vida útil dos activos críticos nas instalações de fabrico.

Os mecanismos de controlo em tempo real não só permitem a monitorização, como também facilitam aos fabricantes o ajuste dinâmico e a otimização dos processos de produção. Estes mecanismos envolvem algoritmos de controlo que estão integrados em controladores lógicos programáveis (PLC) ou em sistemas de controlo de supervisão e aquisição de dados (SCADA). Estes algoritmos regulam o funcionamento de vários activos de produção, como máquinas, robôs e transportadores, utilizando o feedback de sensores em tempo real e estratégias de controlo predefinidas. Por exemplo, no contexto de uma linha de montagem, os sistemas de controlo em tempo real desempenham um papel crucial no aumento da eficiência. Podem ajustar as velocidades dos tapetes rolantes ou as trajectórias dos robôs para otimizar os tempos de ciclo e garantir uma produção sem problemas. Este controlo dinâmico dos processos de produção permite aos fabricantes responder rapidamente às variáveis em mudança e manter um elevado nível de eficiência operacional. Ao monitorizar continuamente as variáveis do processo e ao efetuar rapidamente os ajustes necessários, os fabricantes podem manter um controlo rigoroso dos parâmetros de produção. Isto resulta numa qualidade e desempenho consistentes do produto, conduzindo, em última análise, a uma maior produtividade global. Os mecanismos de controlo em tempo real são ferramentas essenciais que permitem aos fabricantes adaptarem-se à evolução das exigências de produção e obterem resultados óptimos num ambiente de fabrico competitivo.

Além disso, os fabricantes podem beneficiar de sistemas de monitorização e controlo em tempo real, uma vez que estes proporcionam a capacidade de se adaptarem rapidamente às alterações da procura, às condições de mercado ou às perturbações na cadeia de abastecimento. Através da análise de dados em tempo real relativos aos níveis de inventário, estados das encomendas e calendários de produção, os fabricantes podem fazer os ajustes necessários às prioridades de produção, atribuir recursos de forma eficaz e otimizar os calendários de produção de modo a satisfazer as exigências dos clientes, minimizando os custos e os prazos de entrega. A utilização de monitorização e controlo em tempo real nos processos de fabrico oferece inúmeras vantagens, tais como maior produtividade, melhor controlo de qualidade, manutenção preditiva, maior flexibilidade e a capacidade de responder prontamente à dinâmica do mercado. Ao aproveitarem o poder destas tecnologias, os fabricantes podem otimizar as suas operações, reduzir as despesas e manter uma vantagem competitiva no atual ambiente de fabrico dinâmico e em rápida evolução. Além disso, os sistemas de monitorização e controlo em tempo real permitem aos fabricantes responder rapidamente a alterações na procura, condições de mercado ou perturbações na cadeia de abastecimento. Ao analisar os dados em tempo real sobre os níveis de inventário, o estado das encomendas e os calendários de produção, os fabricantes podem efetuar os ajustes necessários às prioridades de produção, afetar eficazmente os recursos e otimizar os calendários de produção para satisfazer a procura dos clientes, minimizando os custos e os prazos de entrega. A utilização de monitorização e controlo em tempo real nos processos de fabrico oferece vantagens significativas, incluindo maior produtividade, melhor controlo da qualidade, manutenção preditiva, maior flexibilidade e capacidade de adaptação à dinâmica do mercado. Ao tirarem partido destas tecnologias, os fabricantes podem otimizar as suas operações, reduzir os custos e manter uma vantagem competitiva no atual panorama de fabrico acelerado e em constante mudança. Além disso, a implementação de sistemas de monitorização e controlo em tempo real no fabrico permite que os fabricantes respondam rapidamente às alterações da procura, às condições do mercado ou às perturbações na cadeia de abastecimento. Através da análise de dados em tempo real sobre os níveis de inventário, estados das encomendas e calendários de produção, os fabricantes podem fazer os ajustes necessários às prioridades de produção, afetar eficazmente os recursos e otimizar os calendários de produção para satisfazer as exigências dos clientes, minimizando os custos e os prazos de entrega. A utilização de monitorização e controlo em tempo real nos processos de fabrico oferece vantagens significativas, incluindo maior produtividade, melhor controlo da qualidade, manutenção preditiva, maior flexibilidade e capacidade de adaptação rápida à dinâmica do mercado. Ao aproveitar as capacidades destas tecnologias, os fabricantes podem otimizar as suas operações, reduzir as despesas e manter uma vantagem competitiva no atual cenário de fabrico dinâmico e acelerado.

Capítulo 9: Cibersegurança na tecnologia de fabrico

A crescente integração de tecnologias digitais, conetividade e automação em ambientes de fabrico modernos tornou a cibersegurança um aspeto crucial a considerar. Com os sistemas de fabrico cada vez mais interligados e dependentes da infraestrutura digital, estão expostos a ciberameaças que têm o potencial de perturbar as operações, comprometer a integridade dos dados e pôr em risco a segurança do pessoal e dos bens. No panorama atual da indústria transformadora, a importância da cibersegurança não pode ser sobrestimada. À medida que as tecnologias digitais, a conetividade e a automatização continuam a avançar, os sistemas de fabrico estão cada vez mais interligados. Esta interconectividade, embora benéfica para a eficiência e produtividade, também traz consigo o risco de ciberameaças. Estas ameaças têm o potencial de causar interrupções nas operações, comprometer a integridade de dados valiosos e representar uma ameaça à segurança do pessoal e dos activos. A integração de tecnologias digitais, conetividade e automação revolucionou a indústria transformadora. No entanto, este progresso também introduz novos desafios, particularmente em termos de cibersegurança. Como os sistemas de fabrico dependem fortemente da infraestrutura digital, são susceptíveis a ciberameaças que podem ter consequências graves. Estas ameaças podem perturbar as operações, comprometer a integridade dos dados e colocar em risco a segurança do pessoal e de bens valiosos. Por conseguinte, garantir medidas robustas de cibersegurança é da maior importância em ambientes de fabrico modernos.

A proteção de dados sensíveis e da propriedade intelectual é uma prioridade crítica no domínio da cibersegurança no fabrico. As empresas de fabrico alojam uma grande quantidade de informações valiosas, desde desenhos de produtos a processos proprietários e dados de clientes. O acesso não autorizado a esses dados pode ter consequências graves, incluindo perdas financeiras, danos à reputação e perda de vantagem competitiva. Como resultado, é imperativo que as organizações de fabrico implementem medidas robustas de cibersegurança para evitar o acesso não autorizado, o roubo ou a manipulação de informações sensíveis. O cenário em evolução dos sistemas de fabrico modernos apresenta novos desafios em termos de cibersegurança. Com a crescente interconectividade dos sistemas, há mais oportunidades para os atacantes cibernéticos explorarem as vulnerabilidades. Por exemplo, o aumento dos dispositivos e sensores da Internet das Coisas Industrial (IIoT) expandiu a superfície de ataque potencial, fornecendo aos actores maliciosos pontos de entrada adicionais para atingir. Isto representa um risco significativo, uma vez que as ciberameaças podem perturbar os processos de produção, adulterar os dados de fabrico ou infiltrar-se em sistemas críticos através destes dispositivos interligados. Para mitigar eficazmente os riscos associados às ameaças à cibersegurança no fabrico, devem ser tomadas medidas proactivas para proteger os dados sensíveis e a propriedade intelectual. Isto inclui a implementação de fortes controlos de acesso, protocolos de encriptação e sistemas de monitorização para detetar e responder a potenciais ameaças em tempo real. Mantendo-se vigilantes e actualizando continuamente as práticas de cibersegurança para fazer face às ameaças emergentes, as empresas de fabrico podem proteger melhor os seus bens valiosos e manter a integridade das suas operações num mundo cada vez mais digital.

A integração de redes de tecnologia operacional (TO) e de tecnologia da informação (TI) em ambientes de fabrico apresenta novos desafios de cibersegurança. No passado, os sistemas de TO eram mantidos separados das redes externas para garantir a sua fiabilidade e segurança. No entanto, com a adoção das tecnologias da Indústria 4.0, a ligação dos sistemas OT às redes de TI da empresa e à Internet expõe-nos a potenciais ciberameaças. Para resolver este problema, os fabricantes devem tomar medidas para proteger a convergência de OT e TI, incluindo a implementação de segmentação de rede, controlos de acesso e sistemas de deteção de intrusão. Para além dos riscos associados à convergência OT-IT, outra preocupação significativa em termos de cibersegurança no sector da indústria transformadora é a ameaça de ataques à cadeia de fornecimento. Os fabricantes dependem de uma rede complexa de fornecedores e vendedores de vários componentes, software e serviços. Um ataque cibernético a um desses fornecedores pode ter consequências de longo alcance para os fabricantes a jusante, levando a interrupções na produção e comprometendo a qualidade dos produtos. Para mitigar estes riscos da cadeia de abastecimento, é crucial que os fabricantes avaliem as práticas de cibersegurança dos seus fornecedores, estabeleçam protocolos seguros para a cadeia de abastecimento e desenvolvam planos de contingência para minimizar o impacto de quaisquer perturbações. Em geral, à medida que os ambientes de fabrico se tornam mais interligados e dependentes das tecnologias digitais, a cibersegurança torna-se uma prioridade crítica. Os fabricantes devem abordar proactivamente os desafios colocados pela convergência das redes OT e TI, bem como os riscos associados às vulnerabilidades da cadeia de fornecimento. Através da implementação de medidas de segurança robustas, da realização de avaliações exaustivas das práticas de cibersegurança dos fornecedores e do estabelecimento de planos de contingência, os fabricantes podem aumentar a sua resistência às ciberameaças e salvaguardar as suas operações e produtos.

Além disso, é imperativo que os fabricantes coloquem uma forte ênfase na sensibilização para a cibersegurança e na formação dos funcionários a todos os níveis da organização. O erro humano continua a ser um fator significativo nos incidentes de cibersegurança, incluindo tentativas de phishing, roubo de credenciais e exposição não intencional de dados. Através de uma formação abrangente sobre as melhores práticas de cibersegurança, os fabricantes podem reduzir eficazmente as hipóteses de ciberataques bem sucedidos e reforçar o quadro geral de segurança da empresa. É evidente que a cibersegurança desempenha um papel fundamental no domínio da tecnologia de fabrico, especialmente com o aumento da digitalização e da interconectividade nas operações industriais. Os fabricantes são obrigados a estabelecer protocolos rigorosos de cibersegurança para salvaguardar informações sensíveis, fortalecer sistemas interligados, abordar as vulnerabilidades da cadeia de fornecimento e promover uma cultura de sensibilização para a cibersegurança entre os membros do pessoal. Ao dar a devida importância às medidas de cibersegurança, os fabricantes podem proteger as suas operações, manter a integridade dos dados e incutir confiança nos clientes e nas partes interessadas num cenário digital em rápida evolução. Em resumo, a importância da cibersegurança na indústria transformadora não pode ser exagerada, tendo em conta a evolução do panorama tecnológico e os potenciais riscos associados às ciberameaças. Os fabricantes devem tomar medidas proactivas para melhorar as defesas de cibersegurança, educar os funcionários sobre as melhores práticas de cibersegurança e promover uma cultura de vigilância contra ciberataques. Ao fazer da cibersegurança uma prioridade máxima, os fabricantes podem garantir a resiliência das suas operações, salvaguardar os activos de dados críticos e manter a confiança das partes interessadas numa era de crescente digitalização e conetividade.

A cibersegurança é essencial para os sistemas ciber-físicos (CPS) devido a várias razões críticas:

Proteção de bens físicos: Os sistemas CPS combinam operações físicas com tecnologias digitais, o que os expõe a potenciais riscos cibernéticos que podem pôr em causa a fiabilidade, acessibilidade ou segurança de activos físicos como maquinaria industrial, infra-estruturas e sistemas críticos. Para proteger contra a entrada não autorizada, adulteração ou interrupção destes activos físicos, é imperativo implementar medidas de cibersegurança. Caso contrário, podem ocorrer avarias no equipamento, interrupções operacionais ou mesmo danos físicos a pessoas.

Preservação da integridade dos dados: Os sistemas ciber-físicos (CPS) utilizam dados extensivos recolhidos de sensores, actuadores e sistemas de controlo para supervisionar e gerir operações físicas. É imperativo manter a precisão e a fiabilidade destes dados para facilitar a tomada de decisões informadas, manter as normas dos produtos e cumprir os mandatos regulamentares. A implementação de medidas de cibersegurança é essencial para impedir quaisquer tentativas de adulteração, manipulação ou acesso não autorizado aos dados que possam comprometer a fiabilidade e credibilidade da informação utilizada nas funções CPS.

Mitigação dos riscos operacionais: As ameaças à cibersegurança dirigidas aos sistemas CPS têm o potencial de criar desafios operacionais substanciais, tais como parar a produção, interromper as cadeias de abastecimento e causar prejuízos financeiros. Através da adoção de protocolos robustos de cibersegurança, as empresas podem gerir eficazmente estes riscos, identificando e tratando prontamente as ciberameaças, reduzindo assim a probabilidade e a gravidade das perturbações nas operações de CPS e a continuidade geral do negócio.

Prevenção de riscos de segurança: A prevenção de riscos de segurança é crucial em vários sectores como a indústria transformadora, a energia, os transportes e os cuidados de saúde, onde os sistemas ciber-físicos (CPS) desempenham um papel vital na gestão de infra-estruturas e sistemas críticos que afectam a segurança pública. A presença de vulnerabilidades de cibersegurança nos CPS pode conduzir a potenciais riscos de segurança, acidentes ou mesmo catástrofes ambientais, o que realça a importância da implementação de medidas sólidas de cibersegurança. É imperativo adotar práticas sólidas de cibersegurança para reconhecer e abordar eficazmente os riscos relacionados com as ciberameaças que podem pôr em causa a segurança e a integridade das operações dos serviços de saúde pública.

Proteção da propriedade intelectual: Muitas organizações dependem de tecnologia proprietária, algoritmos e propriedade intelectual para obterem uma vantagem competitiva no mercado. Para evitar o roubo, a espionagem ou o acesso não autorizado por parte de atacantes cibernéticos que pretendem roubar propriedade intelectual valiosa ou segredos comerciais, torna-se imperativo implementar medidas robustas de cibersegurança. Estas medidas são cruciais para garantir a proteção destes activos e manter um ambiente seguro para a inovação e o crescimento empresarial.

Conformidade com regulamentos e normas: Vários sectores estão sujeitos a regulamentos e normas que ditam a proteção e a confidencialidade dos dados, sistemas e infra-estruturas. A adesão a estes regulamentos, como o Quadro de Cibersegurança do NIST, ISO/IEC 27001, ou normas específicas do sector, como o NERC-CIP para o sector da energia, exige o estabelecimento de fortes controlos e práticas de cibersegurança para salvaguardar os CPS das ciberameaças e garantir a conformidade com os requisitos regulamentares.

A proteção dos sistemas CPS contra as ciberameaças é da maior importância, uma vez que desempenha um papel crucial na salvaguarda dos activos físicos, na manutenção da integridade dos dados, na minimização dos riscos operacionais, na garantia da segurança pública, na preservação da propriedade intelectual e na adesão a regulamentos e normas. Ao dar prioridade às medidas de cibersegurança, as organizações podem reforçar a resiliência, a fiabilidade e a credibilidade dos CPS, reduzindo assim as potenciais consequências das ciberameaças nas infra-estruturas críticas e nas funções operacionais.

Negligenciar a importância da cibersegurança nos sistemas ciber-físicos (CPS) pode ter uma série de consequências negativas em vários sectores. Estas consequências incluem riscos de segurança, comprometimento da integridade operacional, instabilidade económica e perda de confiança do público. Segue-se uma explicação pormenorizada do que pode acontecer:

Segurança comprometida: Negligenciar a cibersegurança nos CPS pode ter consequências terríveis, sendo a segurança comprometida um dos resultados mais imediatos e graves. Isto coloca em risco o pessoal, os activos e o público. Sem medidas adequadas de cibersegurança, indivíduos mal-intencionados podem obter acesso não autorizado a componentes de CPS, manipular sistemas de controlo e interromper processos críticos. Tais acções podem resultar em mau funcionamento do equipamento, acidentes e até falhas catastróficas. Para ilustrar, considere um cenário industrial em que um atacante manipula o sistema de controlo de uma fábrica de produtos químicos, levando a fugas tóxicas ou explosões. Isto não só põe em perigo a vida dos trabalhadores, como também representa uma ameaça para as comunidades vizinhas. É crucial dar prioridade à cibersegurança nos sistemas de controlo de produtos químicos para evitar estas situações comprometedoras.

Perturbação operacional: A perturbação causada por ciberataques aos CPS pode ter consequências graves, incluindo atrasos na produção, interrupções na cadeia de abastecimento e perdas financeiras. Um exemplo dessa perturbação são os ataques de ransomware, em que sistemas ou dados críticos são encriptados e mantidos como reféns até que seja pago um resgate. Como resultado, os processos de fabrico podem ser interrompidos, as operações de logística podem ser perturbadas e as entregas aos clientes podem ser afectadas, resultando em perdas de receitas e danos para a reputação da empresa.

Compromissos de Integridade de Dados: A eficácia dos CPS na monitorização e controlo dos processos físicos depende em grande medida de dados precisos e atempados. No entanto, a ausência de medidas de cibersegurança pode resultar em comprometimentos da integridade dos dados, como o acesso não autorizado, a manipulação ou a adulteração. Para ilustrar, num sistema de rede inteligente, agentes maliciosos podem manipular os dados de consumo de energia ou adulterar os sinais de controlo da rede, causando um equilíbrio de carga impreciso, flutuações de tensão ou mesmo cortes de energia.

Roubo de propriedade intelectual: Os CPS integram frequentemente tecnologia exclusiva, algoritmos e propriedade intelectual criados pelas organizações para estabelecer uma vantagem competitiva no mercado. Na ausência de medidas robustas de cibersegurança, os agentes maliciosos podem adquirir ilegalmente propriedade intelectual valiosa, segredos comerciais ou informações sensíveis, comprometendo assim a vantagem competitiva da organização e dificultando as perspectivas de inovação futura. Consequentemente, isto pode levar a contratempos financeiros, a uma diminuição da quota de mercado e a danos na reputação da organização.

Violações de regulamentação: Vários sectores estão sujeitos a regulamentos e normas que ditam a segurança e a privacidade dos dados, sistemas e infra-estruturas. Medidas inadequadas de cibersegurança que levem ao incumprimento destes regulamentos podem ter consequências legais, como penalizações, multas ou sanções. Por exemplo, o sector dos cuidados de saúde é regido pela Lei da Portabilidade e Responsabilidade dos Seguros de Saúde (HIPAA), que impõe medidas rigorosas para salvaguardar as informações dos doentes. O não cumprimento dos regulamentos da HIPAA pode levar a penalizações financeiras substanciais e prejudicar a reputação das instituições de cuidados de saúde.

Perda de confiança do público: Negligenciar a cibersegurança nos sistemas CPS pode ter efeitos prejudiciais na confiança do público. Os casos de ciberataques ou violações de dados têm o potencial de corroer a confiança na fiabilidade, segurança e proteção dos sistemas CPS, resultando numa perda de confiança dos clientes, das partes interessadas e do público em geral. Reconstruir a confiança após um incidente de cibersegurança pode ser uma tarefa complexa que exige investimentos substanciais em medidas de cibersegurança, bem como um compromisso com a transparência e a responsabilidade.

O facto de não se abordar a cibersegurança nos sistemas ciber-físicos (CPS) pode ter repercussões graves e generalizadas, tais como segurança comprometida, interrupções nas operações, violações da integridade dos dados, roubo de propriedade intelectual, violações de regulamentos e erosão da confiança do público. Por conseguinte, é crucial que as empresas dêem ênfase à cibersegurança como uma componente fundamental do desenvolvimento, implementação e manutenção de CPS, de modo a minimizar estas ameaças e garantir a durabilidade, fiabilidade e credibilidade das infra-estruturas de CPS.

Capítulo 10: Aplicações e estudos de caso em sistemas de fabrico ciber-físicos

Os sistemas de fabrico ciber-físico (CPMS) são o resultado da integração de processos de fabrico físicos com tecnologias digitais, criando ambientes de produção mais inteligentes e eficientes. Estes sistemas têm uma vasta gama de aplicações em diferentes indústrias, proporcionando inúmeras vantagens como a manutenção preditiva, o controlo de qualidade, a otimização da cadeia de abastecimento, a eficiência energética, a personalização, a colaboração entre humanos e robôs, bem como a monitorização e controlo remotos. Em termos de manutenção preditiva, os CPMS utilizam dados em tempo real obtidos a partir de sensores incorporados para antecipar as falhas do equipamento antes de estas ocorrerem. Esta abordagem proactiva ajuda a minimizar o tempo de inatividade e a reduzir as despesas de manutenção. Por exemplo, grandes empresas como a General Electric (GE) implementaram com êxito o CPMS no fabrico de motores a jato para prever falhas de componentes e planear antecipadamente as actividades de manutenção. A implementação do CPMS revolucionou o sector da produção, melhorando a eficiência operacional e a produtividade. Ao combinar processos físicos com tecnologias digitais, os CPMS permitem às empresas otimizar as suas operações, melhorar a qualidade dos produtos e reduzir os custos. A capacidade de prever e prevenir falhas de equipamento através da análise de dados em tempo real é um fator de mudança para as indústrias que procuram manter-se competitivas no mercado acelerado dos dias de hoje.

O CPMS é uma ferramenta valiosa em aplicações de controlo de qualidade, permitindo aos fabricantes monitorizar a qualidade do produto em tempo real e manter a consistência no cumprimento das normas. Por exemplo, a BMW utiliza o CPMS no fabrico de automóveis para identificar defeitos durante a produção utilizando dados de sensores e análises, melhorando assim a qualidade do produto e reduzindo o desperdício. Esta tecnologia desempenha um papel crucial na garantia de que os produtos cumprem normas de alta qualidade ao longo do processo de fabrico. A otimização da cadeia de fornecimento é outra área em que o CPMS se revela altamente benéfico. Ao acompanhar os níveis de inventário, as previsões de procura e os calendários de produção, o CPMS pode otimizar eficazmente as operações da cadeia de fornecimento. A Adidas, por exemplo, utiliza o CPMS para ajustar os processos de fabrico de forma dinâmica, garantindo uma produção eficiente para satisfazer eficazmente as exigências dos consumidores. Isto demonstra como o CPMS pode melhorar a gestão da cadeia de fornecimento e otimizar as operações para um melhor desempenho global. A eficiência energética é uma prioridade máxima para os fabricantes, e o CPMS desempenha um papel fundamental na otimização da utilização de energia. Ao monitorizar e controlar as operações do equipamento com base nos padrões de consumo de energia, os CPMS permitem poupanças de energia significativas. O National Institute of Standards and Technology (NIST) demonstrou o impacto do CPMS na eficiência energética num banco de ensaio de sistemas de fabrico inteligentes, destacando as substanciais poupanças de energia obtidas através de algoritmos de controlo adaptativos. Este facto sublinha a importância dos CPMS na promoção de práticas de eficiência energética nos processos de fabrico.

Os CPMS têm a capacidade de facilitar a personalização em massa e a personalização de produtos, indo ao encontro das preferências únicas de cada consumidor. Um exemplo disto é o caso da Nike, que oferece calçado personalizável através do CPMS. Isto permite que os clientes desenhem os seus próprios sapatos online e os produzam a pedido, utilizando linhas de produção automatizadas. Os CPMS também se destacam no domínio da colaboração entre humanos e robots. Permitem uma interação perfeita entre humanos e robôs no chão de fábrica, aumentando assim a produtividade e a segurança. A Tesla, por exemplo, utiliza CPMS no seu processo de fabrico de veículos eléctricos. Isto permite que os robôs e os trabalhadores humanos trabalhem em conjunto, com os robôs a realizarem tarefas repetitivas enquanto os humanos se concentram em tarefas de montagem mais complexas.

A utilização de Sistemas de Fabrico Ciber-Físicos (CPMS) revolucionou os processos de produção ao incorporar capacidades de monitorização e controlo remotos. Este avanço permite a tomada de decisões em tempo real a partir de qualquer ponto do globo. A Siemens, um exemplo proeminente, implementou com sucesso o CPMS nas suas fábricas, concedendo aos gestores a capacidade de monitorizar remotamente as linhas de produção. Este acesso remoto permite-lhes fazer os ajustes necessários para otimizar a eficiência e a qualidade, melhorando, em última análise, a eficácia operacional global. A versatilidade e as vantagens do CPMS são evidentes através de várias aplicações e estudos de caso. Ao fundir processos de fabrico tradicionais com tecnologias digitais, o CPMS representa uma mudança de paradigma na indústria. Esta integração conduziu à criação de ambientes de fabrico mais inteligentes e eficientes. Como resultado, o CPMS tem sido fundamental para melhorar a qualidade, impulsionar a inovação e transformar os processos de produção numa vasta gama de indústrias. Os benefícios do CPMS vão para além de uma única indústria, uma vez que as suas capacidades podem ser adaptadas para se adequarem a diferentes necessidades de fabrico. A capacidade de monitorizar e controlar remotamente as linhas de produção provou ser inestimável para melhorar a eficiência operacional e a produtividade geral. Com o CPMS, as empresas podem tomar decisões informadas em tempo real, conduzindo a processos optimizados e a uma maior competitividade. A implementação bem-sucedida do CPMS pela Siemens e por outras organizações é uma prova do poder transformador desta tecnologia na revolução das práticas de fabrico.

A manutenção preditiva é uma utilização essencial do CPMS, que utiliza dados em tempo real obtidos a partir de sensores integrados nas máquinas para antecipar as avarias do equipamento antes que estas ocorram. Através da análise destes dados, os fabricantes podem detetar padrões que indicam possíveis avarias, permitindo-lhes tomar medidas proactivas de manutenção. Um exemplo notável é a General Electric (GE), que implementou com êxito o CPMS nas suas operações de fabrico de motores a jato. Ao tirar partido dos dados dos sensores, a GE pode prever com exatidão as falhas dos componentes e programar a manutenção com antecedência. Esta abordagem proactiva não só minimiza o tempo de inatividade e reduz as despesas de manutenção, como também garante um desempenho ótimo do equipamento. No domínio do CPMS, a manutenção preditiva desempenha um papel crucial, aproveitando o poder dos dados em tempo real dos sensores das máquinas para antecipar as falhas do equipamento antes de estas se manifestarem. Ao examinar cuidadosamente estes dados, os fabricantes podem identificar padrões que servem como indicadores precoces de potenciais avarias, permitindo-lhes intervir proactivamente para fins de manutenção. A General Electric (GE) é um excelente exemplo de uma empresa que integrou eficazmente o CPMS nos seus processos de fabrico de motores a jato. Através da utilização de dados de sensores, a GE pode prever com exatidão as falhas de componentes e programar a manutenção de forma preventiva. Esta abordagem proactiva não só minimiza o tempo de inatividade operacional, como também conduz a poupanças significativas em termos de despesas de manutenção, assegurando simultaneamente um desempenho ótimo do equipamento. A aplicação do CPMS sob a forma de manutenção preditiva é da maior importância, uma vez que permite a utilização de dados em tempo real provenientes de sensores incorporados nas máquinas para prever e evitar falhas nos equipamentos. Ao analisar minuciosamente estes dados, os fabricantes podem detetar padrões que servem como sinais de alerta precoce de potenciais avarias, permitindo-lhes tomar medidas proactivas para intervenções de manutenção. A General Electric (GE) implementou com êxito o CPMS nos seus processos de fabrico de motores a jato, tirando partido dos dados dos sensores para prever com precisão as falhas dos componentes e programar a manutenção com antecedência. Esta abordagem proactiva não só minimiza o tempo de inatividade e reduz os custos de manutenção, como também garante o desempenho ótimo do equipamento, assegurando operações sem problemas para o fabricante.

Os CPMS têm um papel crucial a desempenhar no controlo de qualidade, servindo como um componente-chave nesta área. Utilizando dados de sensores e análises, os fabricantes podem monitorizar a qualidade do produto em tempo real, permitindo-lhes identificar quaisquer defeitos ou desvios das normas que possam ocorrer durante o processo de produção. Esta abordagem proactiva permite que os fabricantes façam ajustes atempados aos seus processos de fabrico, garantindo que a qualidade do produto permanece consistente e minimizando qualquer desperdício desnecessário. Um excelente exemplo de uma empresa que utiliza o CPMS para o controlo de qualidade é a BMW, que analisa dados de sensores de várias fases de produção para identificar e retificar defeitos numa fase inicial, o que acaba por conduzir a uma melhor qualidade do produto e a uma maior satisfação do cliente. A importância dos CPMS no controlo de qualidade não pode ser exagerada, uma vez que desempenham um papel vital nesta área. Ao utilizar dados e análises de sensores, os fabricantes podem monitorizar de perto a qualidade do produto em tempo real, permitindo-lhes detetar rapidamente quaisquer defeitos ou desvios das normas que possam surgir durante o processo de produção. Esta abordagem proactiva permite que os fabricantes façam ajustes atempados aos seus processos de fabrico, garantindo que a qualidade do produto permanece consistente e minimizando qualquer desperdício desnecessário. A BMW é um excelente exemplo de uma empresa que reconhece o valor do CPMS no controlo de qualidade, uma vez que aproveita os dados dos sensores de várias fases de produção para identificar e retificar defeitos numa fase inicial, conduzindo, em última análise, a uma melhor qualidade do produto e a uma maior satisfação do cliente. Os CPMS surgiram como um elemento crucial no controlo da qualidade, desempenhando um papel fulcral neste domínio. Ao aproveitar o poder dos dados e da análise dos sensores, os fabricantes podem monitorizar a qualidade dos produtos em tempo real, permitindo-lhes identificar rapidamente quaisquer defeitos ou desvios das normas que possam ocorrer durante o processo de produção. Esta abordagem proactiva permite que os fabricantes façam ajustes atempados aos seus processos de fabrico, garantindo que a qualidade do produto permanece consistente e minimizando qualquer desperdício desnecessário. A BMW destaca-se como um exemplo notável de uma empresa que compreende a importância do CPMS no controlo de qualidade, uma vez que analisa os dados dos sensores de várias fases de produção para identificar e retificar defeitos numa fase inicial, conduzindo, em última análise, a uma melhor qualidade do produto e a uma maior satisfação do cliente.

A otimização da cadeia de abastecimento é significativamente melhorada com a utilização do CPMS, que oferece acesso imediato a informações sobre níveis de inventário, previsões de procura e calendários de produção. Ao consolidar dados de vários pontos da cadeia de fornecimento, os fabricantes podem fazer escolhas bem informadas para melhorar os processos de produção e afetar recursos de forma eficaz. A Adidas é um excelente exemplo desta estratégia, empregando o CPMS para adaptar os processos de fabrico em resposta à procura dos consumidores. Através da análise dos dados de vendas em tempo real e da capacidade de produção, a Adidas pode otimizar eficazmente os calendários de produção para satisfazer a procura dos consumidores, reduzindo assim o excesso de inventário e maximizando as receitas. O CPMS desempenha um papel crucial na otimização da cadeia de fornecimento, fornecendo visibilidade em tempo real dos níveis de inventário, previsões de procura e calendários de produção. Os fabricantes podem tirar partido desta tecnologia para tomar decisões informadas que optimizem os processos de produção e a atribuição de recursos. A Adidas é um excelente exemplo desta abordagem, utilizando o CPMS para ajustar dinamicamente os processos de fabrico com base na procura dos consumidores. Ao analisar os dados de vendas em tempo real e a capacidade de produção, a Adidas pode otimizar eficazmente os programas de produção para satisfazer a procura dos consumidores, minimizando eficazmente o excesso de inventário e maximizando as receitas. A integração do CPMS na gestão da cadeia de fornecimento facilita muito o processo de otimização. Ao oferecer visibilidade em tempo real dos níveis de inventário, previsões de procura e calendários de produção, o CPMS permite aos fabricantes tomar decisões informadas que melhoram os processos de produção e a afetação de recursos. A Adidas exemplifica os benefícios desta abordagem ao utilizar o CPMS para ajustar dinamicamente os processos de fabrico com base na procura dos consumidores. Através da análise dos dados de vendas em tempo real e da capacidade de produção, a Adidas pode otimizar os programas de produção para satisfazer eficazmente a procura dos consumidores, o que resulta na redução do excesso de inventário e no aumento das receitas.

Os fabricantes estão a dar cada vez mais prioridade à eficiência energética, e os CPMS fornecem recursos essenciais para maximizar a utilização de energia. Através da monitorização em tempo real do desempenho do equipamento e dos padrões de consumo de energia, os fabricantes podem identificar áreas onde a energia pode ser poupada e implementar estratégias de controlo adaptativas. O National Institute of Standards and Technology (NIST) realizou um estudo de caso para demonstrar as capacidades de poupança de energia do CPMS num banco de ensaio de sistemas de fabrico inteligentes. Ao utilizar o CPMS para otimizar o funcionamento do equipamento e os algoritmos de controlo, o NIST conseguiu poupanças de energia substanciais, realçando a eficácia do CPMS no aumento da eficiência energética. A eficiência energética tem grande importância para os fabricantes, e os CPMS são ferramentas valiosas neste domínio. Ao monitorizar continuamente o funcionamento do equipamento e analisar os padrões de consumo de energia em tempo real, os fabricantes podem identificar oportunidades de conservação de energia e implementar estratégias de controlo adaptáveis em conformidade. O National Institute of Standards and Technology (NIST) realizou um estudo de caso para demonstrar o potencial do CPMS na poupança de energia num banco de ensaio de sistemas de fabrico inteligentes. Ao utilizar o CPMS para otimizar o funcionamento do equipamento e os algoritmos de controlo, o NIST conseguiu poupanças de energia notáveis, demonstrando assim a eficácia do CPMS no aumento da eficiência energética. Os fabricantes reconhecem cada vez mais a importância da eficiência energética e os CPMS oferecem soluções valiosas para otimizar a utilização de energia. Ao monitorizar de perto o funcionamento do equipamento e analisar os padrões de consumo de energia em tempo real, os fabricantes podem identificar áreas onde a energia pode ser conservada e implementar estratégias de controlo adaptáveis. O National Institute of Standards and Technology (NIST) realizou um estudo de caso para ilustrar as capacidades de poupança de energia do CPMS num banco de ensaio de sistemas de fabrico inteligentes. Através da utilização do CPMS para otimizar o funcionamento do equipamento e os algoritmos de controlo, o NIST conseguiu obter poupanças de energia significativas, sublinhando a eficácia do CPMS no aumento da eficiência energética.

A tecnologia CPMS oferece aos fabricantes a oportunidade de adotar a personalização em massa e adaptar os produtos para satisfazer as preferências únicas de cada consumidor. Uma excelente ilustração disto é a Nike, uma empresa que aproveitou com êxito o CPMS para revolucionar a indústria de fabrico de calçado. Ao utilizar plataformas de personalização online, os clientes podem agora desenhar os seus próprios sapatos, que são subsequentemente produzidos a pedido utilizando linhas de produção automatizadas integradas com CPMS. Esta abordagem inovadora não só permite à Nike fornecer produtos personalizados, como também optimiza os processos de produção e minimiza o tempo necessário para entregar o produto final. A implementação do CPMS permitiu à Nike levar a personalização a novos patamares no domínio do fabrico de calçado. Ao tirar partido das plataformas online, os clientes têm a liberdade de libertar a sua criatividade e desenhar calçado que se alinhe perfeitamente com o seu estilo e preferências pessoais. Estes designs únicos são depois perfeitamente traduzidos em realidade através da utilização de linhas de produção automatizadas equipadas com CPMS. Esta tecnologia de ponta assegura que cada par de sapatos é fabricado com precisão e eficiência, permitindo à Nike oferecer produtos personalizados em grande escala e, simultaneamente, otimizar as suas operações de produção. A utilização do CPMS pela Nike no seu processo de fabrico de calçado provou ser um fator de mudança na indústria. Ao adotar a personalização em massa, a Nike colmatou eficazmente a lacuna entre as preferências individuais dos consumidores e a produção em grande escala. Através da integração de plataformas de personalização online e de linhas de produção automatizadas equipadas com CPMS, a Nike criou um processo eficiente e sem descontinuidades que permite aos clientes conceberem os seus próprios sapatos e mandá-los fabricar a pedido. Isto não só aumenta a satisfação do cliente ao fornecer produtos personalizados, como também permite à Nike otimizar os seus processos de produção e reduzir os prazos de entrega, mantendo-se, em última análise, à frente da concorrência no mundo em constante evolução do fabrico de calçado.

O CPMS desempenha um papel crucial na promoção da colaboração entre humanos e robots, melhorando assim a eficiência e a segurança nas fábricas. Este sistema inovador permite uma interação perfeita entre estes dois componentes da força de trabalho, permitindo que os fabricantes aproveitem os pontos fortes únicos de cada um. Um excelente exemplo desta integração bem sucedida pode ser visto nos processos de fabrico de veículos eléctricos da Tesla, onde os robôs e os trabalhadores humanos coexistem harmoniosamente. Enquanto os robôs se encarregam de tarefas monótonas e repetitivas, os humanos podem concentrar-se em tarefas de montagem complexas, tudo graças à coordenação e otimização fornecidas pelo CPMS. A integração de humanos e robots através do CPMS é um fator de mudança no domínio das operações fabris. Ao facilitar uma colaboração suave e eficiente, este sistema permite que os fabricantes maximizem a produtividade e garantam a segurança no local de trabalho. A Tesla, conhecida pela sua produção de veículos eléctricos, é uma excelente ilustração desta abordagem. Através do CPMS, são atribuídas tarefas repetitivas aos robots, libertando os trabalhadores humanos para se concentrarem em tarefas de montagem mais complexas. Esta atribuição estratégica de responsabilidades não só aumenta a eficiência do fluxo de trabalho, como também realça o potencial da colaboração entre humanos e robôs para alcançar a excelência no fabrico. O CPMS revoluciona o chão de fábrica ao promover uma parceria harmoniosa entre humanos e robots. Este sistema de ponta permite que os fabricantes capitalizem as capacidades únicas de ambos os componentes da força de trabalho, levando assim a produtividade e a segurança a novos patamares. Os processos de fabrico de veículos eléctricos da Tesla são um testemunho do sucesso desta abordagem. Ao tirar partido do CPMS, são confiadas aos robots tarefas repetitivas, permitindo que os trabalhadores humanos dediquem os seus conhecimentos a tarefas de montagem complexas. O resultado é um fluxo de trabalho bem coordenado e optimizado que demonstra o imenso potencial da colaboração entre humanos e robôs na indústria transformadora.

O CPMS oferece aos fabricantes a capacidade de monitorizar e controlar remotamente os seus processos de produção, independentemente da sua localização. Esta tecnologia proporciona visibilidade e controlo em tempo real, permitindo aos gestores aceder a dados cruciais e a painéis de análise. A Siemens, por exemplo, utiliza o CPMS nas suas fábricas para facilitar a monitorização e o controlo remotos das linhas de produção. Ao utilizar este sistema, os gestores podem tomar decisões informadas e efetuar os ajustes necessários para melhorar a eficiência da produção e manter padrões de alta qualidade. Com a ajuda do CPMS, os fabricantes podem agora ter uma visão abrangente dos seus processos de produção a partir de qualquer parte do mundo. A Siemens, uma empresa líder neste domínio, utiliza o CPMS nas suas fábricas para permitir a monitorização e o controlo remotos das linhas de produção. Esta tecnologia avançada permite que os gestores acedam a dados em tempo real e a painéis de análise, fornecendo-lhes informações valiosas para otimizar a eficiência da produção e garantir a qualidade do produto. Ao utilizar o CPMS, os fabricantes podem tomar decisões informadas prontamente, levando a um melhor desempenho operacional. As capacidades de monitorização e controlo remoto oferecidas pelo CPMS revolucionaram a indústria transformadora. A Siemens, um dos principais intervenientes neste domínio, utiliza o CPMS nas suas fábricas para permitir a monitorização e o controlo remotos das linhas de produção. Esta tecnologia dá aos gestores visibilidade em tempo real dos processos de produção, permitindo-lhes aceder a dados cruciais e a painéis de análise. Ao tirar partido desta informação, os gestores podem tomar decisões informadas e fazer os ajustes necessários para otimizar a eficiência da produção e manter padrões de alta qualidade. Com o CPMS, os fabricantes podem agora monitorizar e controlar as suas operações a partir de qualquer parte do mundo, assegurando processos de produção contínuos e maior produtividade.

Em suma, os sistemas de fabrico ciber-físico (CPMS) têm uma gama diversificada de aplicações e vantagens que abrangem vários sectores. Estes sistemas podem melhorar os processos de fabrico, permitindo a manutenção preditiva, assegurando o controlo da qualidade, optimizando as cadeias de abastecimento e melhorando a eficiência energética. Ao examinar estudos de casos e casos reais, torna-se claro que os CPMS possuem a capacidade de provocar uma transformação revolucionária no fabrico, promovendo a inovação, a eficiência e a competitividade a uma escala global. Em conclusão, o vasto leque de aplicações e benefícios oferecidos pelos Sistemas de Fabrico Ciber-Físicos (CPMS) estende-se a várias indústrias. Estes sistemas têm o potencial de revolucionar os processos de fabrico, facilitando a manutenção preditiva, melhorando as medidas de controlo de qualidade, optimizando as cadeias de abastecimento e promovendo a eficiência energética. Através da análise de estudos de caso e de exemplos reais, torna-se evidente que os CPMS podem impulsionar a inovação, a eficiência e a competitividade no mercado global, transformando assim o panorama da indústria transformadora. Em suma, os sistemas de fabrico ciber-físico (CPMS) apresentam uma vasta gama de aplicações e vantagens que são aplicáveis a várias indústrias. Estes sistemas têm o potencial de revolucionar os processos de fabrico, permitindo a manutenção preditiva, garantindo o controlo da qualidade, optimizando as cadeias de abastecimento e melhorando a eficiência energética. Ao analisar estudos de caso e exemplos reais, torna-se claro que os CPMS podem impulsionar a inovação, a eficiência e a competitividade no mercado global, transformando assim a indústria transformadora.

Capítulo 11: Tendências e direcções futuras em sistemas de fabrico ciber-físicos

A evolução da tecnologia está a abrir caminho para um futuro promissor nos Sistemas de Fabrico Ciber-Físico (CPMS), com inúmeras tendências e desenvolvimentos inovadores no horizonte. Estas tendências abrangem diferentes facetas dos CPMS, como os avanços tecnológicos, o aumento da adoção nas indústrias e os impactos de longo alcance na sociedade. À medida que avançamos, o panorama da indústria transformadora deverá sofrer transformações significativas impulsionadas pelo progresso contínuo do CPMS. Desde o aumento da automatização e da conetividade até à melhoria da eficiência e da produtividade, o futuro do fabrico está repleto de possibilidades que irão remodelar a forma como os bens são produzidos e distribuídos. Com o ritmo acelerado dos avanços tecnológicos e a crescente integração de sistemas cibernéticos e físicos, o CPMS está preparado para revolucionar a indústria transformadora. A adoção destas tendências e orientações não só conduzirá a uma maior competitividade e rentabilidade para as empresas, como também abrirá caminho a um futuro mais sustentável e interligado para a indústria transformadora.

O futuro do CPMS está destinado a testemunhar uma transformação significativa com a integração mais profunda da inteligência artificial (IA) e das tecnologias de aprendizagem automática (ML). Ao tirar partido dos algoritmos de IA e ML, os CPMS poderão analisar grandes volumes de dados em tempo real, conduzindo a processos de produção optimizados, à previsão exacta de falhas de equipamento e à capacidade de adaptação autónoma a condições variáveis. Esta integração irá aumentar consideravelmente a inteligência e a autonomia dos sistemas de fabrico, resultando em ambientes de produção mais eficientes e adaptáveis. Um aspeto fundamental desta transformação será a adoção generalizada e a expansão dos gémeos digitais no CPMS. Estas réplicas digitais funcionam como representações virtuais de sistemas de fabrico físicos, permitindo aos fabricantes simular e otimizar processos de produção, prever resultados de desempenho e realizar testes e experiências virtuais. À medida que as tecnologias de simulação e modelação continuam a avançar, os gémeos digitais tornar-se-ão cada vez mais precisos e valiosos para otimizar as operações de fabrico e reduzir o tempo de colocação no mercado de novos produtos. A integração das tecnologias de IA, ML e gémeos digitais no CPMS tem um enorme potencial para o futuro do fabrico. Com a capacidade de analisar grandes quantidades de dados, prever resultados e simular processos de produção, os fabricantes podem tomar decisões informadas, melhorar a eficiência e reduzir custos. À medida que estas tecnologias continuam a evoluir, o CPMS tornar-se-á mais inteligente, adaptável e capaz de satisfazer as exigências em constante mudança da indústria transformadora. O futuro do CPMS é de facto promissor, com a IA e o ML no seu centro, impulsionando a inovação e transformando a forma como os sistemas de fabrico funcionam.

O papel da robótica e da automação no CPMS deverá continuar a ocupar uma posição central, uma vez que os avanços nas tecnologias robóticas abrem caminho a ambientes de fabrico mais adaptáveis, flexíveis e colaborativos. O futuro reserva desenvolvimentos promissores, com o aparecimento de robots altamente inteligentes e hábeis, capazes de executar tarefas complexas com uma precisão notável, semelhante às capacidades humanas. Os robôs colaborativos, também conhecidos como cobots, irão registar um aumento de popularidade, trabalhando ao lado de trabalhadores humanos em espaços de trabalho partilhados para aumentar ainda mais a produtividade e as medidas de segurança. A integração da Internet das Coisas (IoT) e da Internet Industrial das Coisas (IIoT) será fundamental para impulsionar a conetividade e a interoperabilidade no âmbito do CPMS. Esta rede interconectada ligará sem problemas máquinas, sensores e dispositivos em todo o ecossistema de fabrico, permitindo o intercâmbio e a comunicação de dados sem problemas. A monitorização, o controlo e a otimização em tempo real dos processos de fabrico serão facilitados, conduzindo a uma maior eficiência e agilidade nas operações. A IoT e a IIoT actuarão como catalisadores para uma maior produtividade e fluxos de trabalho simplificados no CPMS. Ao olharmos para o futuro, é evidente que a robótica e a automação continuarão a moldar o panorama do CPMS. Os avanços nas tecnologias robóticas abrirão novas possibilidades, permitindo o desenvolvimento de robots altamente inteligentes e hábeis, capazes de executar tarefas complexas com precisão. Os robôs colaborativos tornar-se-ão mais predominantes, trabalhando em conjunto com trabalhadores humanos para criar um ambiente de trabalho harmonioso e eficiente. Além disso, a integração da IoT e da IIoT promoverá a conetividade e a interoperabilidade, permitindo a troca de dados sem descontinuidades e a monitorização em tempo real. Estes avanços conduzirão, sem dúvida, a uma maior eficiência, agilidade e produtividade no CPMS.

A crescente interconexão no CPMS provocou uma maior consciencialização da importância da cibersegurança e da privacidade dos dados. No futuro, o foco estará na implementação de fortes medidas de cibersegurança para proteger os sistemas de fabrico de ameaças cibernéticas como malware, hacking e violações de dados. Além disso, haverá uma maior ênfase na adesão aos regulamentos de privacidade de dados, como o GDPR e a CCPA, para proteger dados sensíveis de fabrico e defender a privacidade do consumidor. Nos próximos anos, a sustentabilidade e a responsabilidade ambiental desempenharão um papel fundamental na definição do panorama do CPMS. As tendências futuras girarão em torno do desenvolvimento de tecnologias e práticas de fabrico ecológicas destinadas a reduzir o consumo de energia, a minimizar os resíduos e a diminuir o impacto ambiental. Os CPMS integrarão princípios de sustentabilidade nos processos de produção, optimizando a utilização de energia, adoptando sistemas de fabrico em circuito fechado e utilizando materiais ecológicos. À medida que a indústria progride, é imperativo que a CPMS se mantenha à frente da curva, adoptando estas tendências futuras. Ao dar prioridade à cibersegurança, à privacidade dos dados, à sustentabilidade e à responsabilidade ambiental, os sistemas de fabrico podem não só melhorar a sua eficiência operacional, mas também contribuir para uma indústria mais segura, ética e ambientalmente consciente. A adoção destes princípios não só beneficiará as empresas individuais, mas também a indústria como um todo a longo prazo.

A procura crescente por parte dos consumidores de produtos que sejam adaptados e personalizados de acordo com as suas preferências específicas conduzirá a uma transformação no domínio do CPMS. No futuro, a tónica será colocada na implementação de sistemas de fabrico mais flexíveis e ágeis, que permitam a personalização em massa utilizando processos de produção modulares, células de fabrico flexíveis e tecnologias de personalização avançadas. Ao aproveitar o poder da análise de dados e das percepções do cliente, o CPMS poderá criar produtos que ofereçam experiências únicas e personalizadas para cada consumidor individual. À medida que a automação e a robótica continuam a desempenhar um papel mais importante no CPMS, haverá uma maior ênfase na conceção de ambientes de fabrico que dêem prioridade ao bem-estar e à produtividade dos trabalhadores humanos. Isto significa adotar uma abordagem centrada no ser humano que tenha em consideração factores como a ergonomia e o design centrado no ser humano. As tendências futuras em CPMS centrar-se-ão na criação de espaços de trabalho, interfaces e robôs colaborativos que dão prioridade à segurança, ao conforto e à facilidade de utilização dos operadores humanos. Ao fazê-lo, o CPMS pretende promover uma maior aceitação e colaboração entre humanos e máquinas em ambientes de fabrico. A integração de produtos personalizados e customizados no CPMS exigirá uma mudança para sistemas de fabrico mais flexíveis e adaptáveis. Esta mudança permitirá a personalização em massa através da implementação de processos de produção modulares, células de fabrico flexíveis e tecnologias de personalização avançadas. Ao alavancar a análise de dados e as percepções dos clientes, o CPMS será capaz de adaptar os produtos às preferências individuais, proporcionando aos consumidores experiências únicas e personalizadas. Além disso, à medida que a automação e a robótica se tornam mais predominantes no CPMS, haverá um maior enfoque na conceção de espaços de trabalho, interfaces e robôs colaborativos que dão prioridade ao bem-estar e à produtividade dos trabalhadores humanos. Esta abordagem centrada no ser humano promoverá uma maior aceitação e colaboração entre humanos e máquinas em ambientes de fabrico.

Referências

1. Zah, M.F.; Beetz, M.; Shea, K.; Reinhart, G.; Bender, K.; Lau, C.; Ostgathe, M.; Vogl,

   W . ; Wiesbeck, M.; Engelhard, M.; et al. The cognitive factory. Em Changeable and Reconfigurable Manufacturing Systems; ElMaraghy, H.A., Ed.; Springer: Londres, Reino Unido, 2009; pp. 355-371.

2. Lu, Y.; Morris, K.C.; Frechette, S. Current Standards Landscape for Smart Manufacturing Systems; Instituto Nacional de Normas e Tecnologia: Gaithersburg, MD, EUA, 2016.

3. Iarovyi, S.; Lastra, J.L.M.; Haber, R.; del Raúl, T. From artificial cognitive systems and open architectures to cognitive manufacturing systems. Nos Anais da 13.ª Conferência Internacional do IEEE sobre Informática Industrial (INDIN), Cambridge, Reino Unido, 22-24 de julho de 2015; pp. 1225-1232.

4. Stock, T.; Seliger, G. Oportunidades de fabrico sustentável na indústria 4.0. Proced. CIRP 2016, 40, 536-541.

5. Bi, Z.; Liu, Y; Krider, J.; Buckland, J.; Whiteman, A.; Beachy, D.; Smith, J. Monitorização da força em tempo real de pinças inteligentes para aplicações da Internet das coisas (IoT). J. Ind. Inform. Integr. 2018, 11, 19-28.

6. Reischauer, G. Industry 4.0 as policy-driven discourse to institutionalize innovation systems in manufacturing. Technol. Forecast. Soc. Change 2018, 132, 26-33.

7. Stock, T.; Obenaus, M.; Kunz, S.; Kohl, H. Industry 4.0 as enabler for a sustainable development: Uma avaliação qualitativa do seu potencial ecológico e social. Process Safety Environ. Prot. 2018, 118, 254-267.

8. Esmaeilian, B.; Behdad, S.; Wang, B. A evolução e o futuro do fabrico: Uma revisão. J. Manuf. Syst. 2016, 39, 79-100.

9. Zheng, P.; Wang, H.; Sang, Z.; Zhong, R.Y.; Liu, Y; Liu, C.; Mubarok, K.; Yu, S.; Xu,

   X. Sistemas de fabrico inteligentes para a Indústria 4.0: Quadro concetual, cenários e perspectivas futuras. Front. Mech. Eng. 2018, 13, 137-150.

10. 10. Strozzi, F.; Colicchia, C.; Creazza, A.; Noè, C. Revisão da literatura sobre o conceito de "Fábrica Inteligente" utilizando ferramentas bibliométricas. Int. J.

Prod. Res. 2017, 55, 6572-6591.

11. Carvalho, N.; Chaim, O.; Cazarini, E.; Gerolamo, M. A produção na quarta revolução industrial: Uma perspetiva positiva em manufatura sustentável. Proced. Manuf. 2018, 21, 671-678.

12. Weihrauch, D.; Schindler, P.A.; Sihn, W. Um modelo concetual para o desenvolvimento de um sistema inteligente de controlo de processos. Proced. CIRP 2018, 67, 386-391.

13. Mittal, S.; Khan, M.A.; Romero, D.; Wuest, T Fabrico inteligente: Caraterísticas, tecnologias e factores facilitadores. Proc. Inst. Mech. Eng. Parte B J. Eng. Manuf. 2017, 233, 342-1361.

14. Jung, K.; Morris, K.C.; Lyons, K.W.; Leong, S.; Cho, H. Utilização de métodos formais para avaliar os desafios de desempenho dos sistemas de fabrico inteligentes: Foco na agilidade. Concurr. Eng. Res. Appl. 2015, 23, 343-354.

15. Zhong, R.Y.; Xu, X.; Klotz, E.; Stephen, T.N. Fabrico inteligente no contexto da Indústria 4.0: Uma revisão. Engenharia 2017, 3, 616-630.

16. Leitão, P. Uma solução bio-inspirada para sistemas de controlo de fabrico. In International Conference on Information Technology for Balanced Automation Systems; Azevedo, A., Ed.; Springer: Boston, MA, USA, 2008; pp. 303-314.

17. Ueda, K.; Hatono, I.; Fujii, N.; Vaario, J. Reinforcement learning approaches to biological manufacturing systems. Ann. CIRP 2000, 49, 343-346.

18. Leitão, P.; Barbosa, J.; Trentesaux, D. Sistemas multi-agentes bio-inspirados para sistemas de fabrico reconfiguráveis. Eng. Aplic. Artif. Intell. 2012, 25, 934-944.

19. Fisher, O.; Watson, N.; Porcu, L.; Bacon, D.; Rigley, M.; Gomes, R.L. Cloud manufacturing as a sustainable process manufacturing. J. Manuf. Syst. 2018, 47, 5368.

20. Niemueller, T.; Zwilling, F.; Lakemeyer, G.; Lobach, M.; Reuter, S.; Jeschke, S.; Ferrein, A. Inteligência do sistema ciber-físico, robô móvel baseado no conhecimento. Em Industrial Internet of Things; Jeschke, S., Brecher, C., Song, H., Rawat, D.B., Eds.; Springer International Publishing: Cham, Suíça, 2017; pp. 447-472.

21. Wahlster, W. Industrie4.0: Sistemas de produção ciber-físicos para personalização em massa. Workshop checo alemão Ind. 2016, 4, 55.

22. Kao, H.A.; Jin, W.; Siegel, D.; Lee, J. Uma interface física cibernética para sistemas de automação - metodologia e exemplos. Machines 2015, 3, 93-106.

23. Ahuett, G.H.; Kurfess, T. Uma breve discussão sobre as tendências das tecnologias de habilitação para a Indústria 4.0 e o fabrico inteligente. Manuf. Lett. 2018, 15, 60-63.

24. Coronado, P.D.U.; Lynn, R.; Louhichi, W.; Parto, M. Part data integration in the shop floor digital twin: Mobile and cloud technologies to enable a manufacturing execution system. J. Manuf. Syst. 2018, 48, 25-33.

25. Vermesan, O.; Friess, P. Internet of Things: Converging Technologies for Smart Environments and Integrated Ecosystems (Tecnologias. convergentes para ambientes inteligentes e ecossistemas integrados); River Publishers: Delft, Países Baixos, 2013.

26. Gilchrist, A. Industry 4.0-Industrial Internet of Things; Apress: Nova Iorque, NY, EUA, 2016.

27. Zhong, R.Y.; Wang, L.; Xu, X. Uma abordagem de monitoramento de status de máquina em tempo real habilitada para IoT para fabricação em nuvem. Proced. CIRP 2017, 63, 709-714.

28. Tan, Y.S.; Yen, T.N.; Low, J.S.V. A Internet das coisas permitiu a monitorização em tempo real da eficiência energética no chão de fábrica. Proced. CIRP 2017, 61, 376-381.

29. Jeong, S.; Na, W.; Kim, J.; Cho, S. Internet das coisas para um sistema de fabrico inteligente: Questões de confiança na alocação de recursos. IEEE Internet Things J. 2018, 5, 4418-4427.

30. Marik, V.; Vrba, P.; Leitão, P. Sistemas Holónicos e Multi-Agentes para a Produção; Springer-Verlag: Berlim/Heidelberg, Alemanha, 2017.

31. Ciortea, E.M.; Tulbure, A.; Hut,anu, C. Multi-agente para otimização de sistemas de fabrico. IOP Conf. Series Mater. Sci. Eng. 2016, 145, 022007.

32. Durica, L.; Micieta, B.; Bubenik, P.; Binasova, V. Manufacturing multi-agent system with bio-inspired techniques: Codesa-prime. Sci. J. 2015, 829-837.

33. Khalid, A.N. Uma estrutura para gerar configurações de sistemas de manufatura inteligentes usando agentes e otimização. Tese de doutorado, Universidade da Flórida Central, Orlando, FL, EUA, novembro de 2016.

34. Andreadis, G.; Klazoglou, P.; Niotaki, K.; Bouzakis, K.D. Classificação e análise de sistemas multiagentes na secção de fabrico. Proced. Eng. 2014, 69, 282290.

35. Sepehri, M. Agent Base Approach for Intelligent Distribution Control Systems; Universidade Politécnica Estatal de São Petersburgo: Sankt-Peterburg, Rússia, 2008.

36. Tang, D.; Zheng, K.; Zhang, H.; Sang, Z.; Zhang, Z.; Xu, C.; Oviedo, J.A.E.; Vargas, S.G.; Martini, J.L.Z. Utilizar a inteligência autónoma para construir um chão de fábrica inteligente. Proced. CIRP 2016, 56, 354-359.

37. Shea, K.; Ertelt, C.; Gmeiner, T.; Ameri, F. Design-to-fabrication automation for the cognitive machine shop. Adv. Eng. Inform. 2010, 24, 251-268.

38. Li, D.; Tang, H.; Wang, S.; Liu, C. Um controlo de balanceamento de carga habilitado para big data para fabrico inteligente da Indústria 4.0. Clust. Comput. 2017, 20, 855-1864.

39. Lee, J.; Ardakani, H.D.; Yang, S.; Bagheri, B. Industrial big data analytics and cyberphysical systems for future maintenance & service innovation. Proced. CIRP 2015, 38, 3-7.

40. Tao, F.; Qi, Q.; Liu, A.; Kusiak, A. Data-driven smart manufacturing. J. Manuf. Syst. 2018, 48, 157-169.

I want morebooks!

Buy your books fast and straightforward online - at one of world's fastest growing online book stores! Environmentally sound due to Print-on-Demand technologies.

Buy your books online at
www.morebooks.shop

Compre os seus livros mais rápido e diretamente na internet, em uma das livrarias on-line com o maior crescimento no mundo! Produção que protege o meio ambiente através das tecnologias de impressão sob demanda.

Compre os seus livros on-line em
www.morebooks.shop

Printed by Books on Demand GmbH, Norderstedt / Germany